AF313212

PISCICULTURE MARINE

PISCICULTURE MARINE

ÉTUDE

SUR LE

LITTORAL FRANÇAIS DE LA MÉDITERRANÉE

AU POINT DE VUE PISCICOLE

PAR

M. LÉON VIDAL

Membre actif de la Société de Statistique de Marseille
Secrétaire-Adjoint du Comité d'Agriculture pratique de Marseille
Directeur de la Ferme Aquicole de Port-de-Bouc
Membre de la Société Impériale Zoologique d'acclimatation

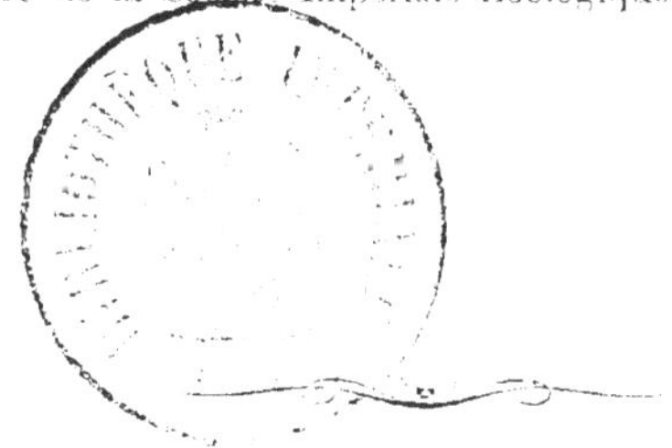

MARSEILLE

TYPOGRAPHIE ET LITHOGRAPHIE ARNAUD, CAYER ET Cⁱᵉ
Rue Saint-Ferreol, 57

1866

PISCICULTURE MARINE.

ÉTUDE

SUR

LE LITTORAL FRANÇAIS DE LA MÉDITERRANÉE

AU POINT DE VUE PISCICOLE

I.

Parmi les diverses questions d'utilité publique qui méritent notre attention, il en est une du plus haut intérêt et à laquelle nous devons attacher une importance de premier ordre : c'est celle relative à l'accroissement des *matières alimentaires*, c'est la question de l'alimentation publique.

Tous les gouvernements, comme aussi tous les économistes, se sont toujours préoccupés avec raison de l'alimentation des masses ; de tout temps ils ont favorisé ou conseillé les moyens les plus propres à accroître les substances alimentaires et à en réduire le prix de revient.

Pour ne citer que la France, ne voyons-nous pas le gouvernement encourager par des concours, des primes d'honneur, des médailles de tous genres, les moindres perfectionnements apportés aux travaux agricoles ?

En agissant ainsi, l'administration de notre pays sait bien qu'elle réalise les premières conditions de l'économie sociale la mieux entendue, et qu'elle répond, en favorisant l'introduction et la production de toutes les substances alimentaires. au vœu public le plus ardent.

Nous croyons donc, pour ce qui nous concerne, faire

œuvre d'utilité en ajoutant nos modestes efforts à tous ceux qu'on a tentés dans cette voie.

Toutes les solutions pratiques des problèmes d'existence sociale ont été précédées d'études et de tâtonnements ; des idées premières, nées de l'inspiration seule, on en est venu à la théorie, puis à un examen plus attentif, à une imitation plus complète de la nature, et, peu à peu, se sont introduits dans le domaine de la pratique les procédés grâce auxquels l'homme peut vivre à l'état de société.

La question alimentaire n'était pas, à ce point de vue, une des plus faciles à résoudre ; elle est d'ailleurs susceptible de nouveaux progrès.

La nourriture de l'homme emprunte ses éléments à une infinité de substances tirées soit du règne animal, soit du règne végétal.

Ces êtres alimentaires peuvent être classés en deux catégories distinctes :

Produits naturels ;

Produits cultivés.

Désigner ces deux catégories, c'est les définir suffisamment.

A mesure que la civilisation a fait des progrès, à mesure que la vie sociale s'est perfectionnée, le nombre des *produits cultivés* s'est accru, et il le fallait bien pour satisfaire à l'existence de tant de populations agglomérées sur des espaces, infiniment trop réduits s'ils avaient dû suffire à la nutrition de ces masses *par voie de production naturelle*.

Il serait trop long d'énumérer ici toutes les essences végétales tour à tour introduites dans le domaine de la *culture*, comme aussi de faire une nomenclature des animaux *domestiqués* par l'homme et *cultivés* pour son usage.

Le nombre de ces animaux est assez grand déjà, mais presque tous appartiennent aux espèces qui peuplent le continent et les régions atmosphériques.

De cette *culture animale* est à peu près généralement écartée la classe entière des *espèces aquatiques*, qui n'entrent guère dans la consommation qu'à l'état de *produits naturels*.

Les poissons, à fort peu d'exceptions près, sont encore aujourd'hui, comme l'étaient jadis les animaux du continent, le produit de la chasse (appelée pêche en ce cas) et il n'y a que fort peu de temps que l'on se préoccupe de la culture et de la domestication des espèces aquatiques comestibles.

Nous ne devons pas nous étonner de ce que des tentatives de ce genre aient été si rarement appliquées, de ce que l'éducation des êtres aquatiques soit encore en retard.

L'homme devait évidemment débuter, dans la voie de la culture, par les espèces répandues dans le milieu qui lui est le plus accessible, et ne songer aux poissons qu'après avoir réalisé l'éducation de la plus grande quantité possible des espèces aériennes.

Il reste bien encore, parmi ces dernières espèces, quelques conquêtes nouvelles à faire, et c'est surtout à l'acclimatation qu'appartient cette mission ; jamais plus qu'aujourd'hui n'ont été faits, dans ce but, des efforts aussi intelligents.

Nous voici tout naturellement conduits au cœur de notre sujet par les considérations qui précèdent.

En constatant, en effet, que, parmi les substances alimentaires *cultivées*, les espèces aquatiques seules manquent presque absolument, ne sommes-nous pas amené à reconnaître qu'il y a là une lacune à combler, et ne pouvons-nous pas affirmer, avec la plus ferme conviction, que la solution d'un pareil problème serait et l'indispensable complément de la civilisation et la source réelle d'incalculables richesses ?

Pourquoi ce problème serait-il impossible à résoudre ?

Pourquoi ne parviendrait-on pas à diriger, à dompter les instincts de certains poissons, à les domestiquer, puisqu'on a réussi à dompter tant d'autres animaux?

Pourquoi ne tenterait-on d'introduire dans la pratique une culture aussi utile alors que les champs à cultiver sont si vastes, si *inépuisables* ?

Des voix bien autrement autorisées que la nôtre ont, depuis quelques années déjà, appelé l'attention du gouvernement et du public sur cette question de première utilité.

Il a été entendu, nous sommes heureux de le constater, l'appel fait par les Coste, de Quatrefages, Gervais, Millet, et autres.

Des essais, couronnés d'un plein succès, ont répondu aux tentatives faites par l'Etat avec le patronage tout spécial de S. M. l'Empereur, et sous l'inspiration de M. Coste, de l'Institut, le grand promoteur de la pisciculture en France.

La voie ouverte, l'initiative privée s'y est engagée, et elle n'a pas longtemps attendu la récompense due à ses efforts; de véritables résultats les ont couronnés ; nous pourrions en énumérer la liste, citer déja des chiffres imposants.

La question n'est donc plus hypothétique, à l'état d'idée intuitive; nous n'en sommes plus à dire : *il est probable*; non ! nous sommes en droit d'affirmer avec des faits réels à l'appui ; il nous est permis de prêcher la pratique, puisque son heure a sonné depuis que la théorie a fait son temps et ses preuves.

A ce siècle, si riche en découvertes scientifiques, l'honneur d'ajouter encore à sa gloire intellectuelle la réalisation pratique des bienfaits de l'aquiculture.

L'Empereur Napoléon III a pressenti tout ce que l'on pouvait attendre de cette sœur cadette de l'agriculture, et les encouragements qu'il lui a donnés compteront parmi ses plus durables et plus beaux titres à la reconnaissance de la postérité.

II.

Nous nous écarterions trop de notre sujet si, jetant un regard sur le passé, nous esquissions l'historique des idées ou faits concernant la pisciculture.

Nous bornant au cadre que nous nous sommes imposé, nous aurons bien assez à faire en nous occupant seulement de *pisciculture marine* et des applications qu'on peut faire de cette science sur notre littoral méditerranéen.

Mais, sans remonter aux temps anciens, nous croyons utile de jeter un rapide coup-d'œil sur les essais piscicoles tentés, dans ces dernières années, sur les côtes de l'Océan, et aussi de citer quelques faits de cette nature observés sur les rivages méditerranéens en Italie.

Nous laissons complètement de côté la *pisciculture fluviale* dont l'importance, quelque grande qu'elle soit, se réduit à des proportions insignifiantes en présence des surfaces, des espèces et des ressources que nous offre la mer, dont les richesses sont *inépuisables*.

La pisciculture fluviale est néanmoins d'une très grande utilité, et, n'était l'obligation où nous sommes de nous restreindre à la pisciculture marine, nous ne manquerions pas de faits et d'idées, dignes d'intérêt, à exprimer à son sujet.

L'œuvre de vulgarisation qui a le plus contribué à l'essor de la pisciculture marine est due à M. Coste, ce savant illustre, dont le nom vient à l'esprit de quiconque prononce, lit ou entend le mot pisciculture. C'est le récit de *son voyage d'exploration sur le littoral de France et d'Italie*, publié par ordre de S. M. l'Empereur.

Dans ce remarquable ouvrage, M. Coste raconte des faits dont la pratique compte des siècles. Il ne pouvait mieux arriver à donner une idée sérieuse des incalculables richesses que recèle la mer, à démontrer quels bienfaits retirerait l'humanité de la culture d'une infinité d'espèces marines comestibles dues, jusqu'à ce jour, au produit de la pêche, et dont le dépeuplement ne cesse de s'accroître, en dépit des réglementations les plus sages , les mieux élaborées.

C'est ainsi qu'ont été bientôt vulgarisés des faits du plus haut intérêt; de leur connaissance à l'application il n'y avait plus qu'un pas , il a été fait dans bien des localités où la pisciculture marine n'a pas tardé, depuis, à progresser rapidement.

C'est par la lecture de ce bel ouvrage que nous a été révélée l'existence de l'industrie qui se pratique à la baie de l'Aiguillon (Charente-Inférieure), où la culture des moules en *bouchots*, fondée par Walton, depuis près de six siècles, est devenue la ressource exclusive des trois communes d'Enandes, de Charron et de Marcilly.

Quelques renseignements sommaires empruntés à la description de M. Coste donnent une idée de l'importance de cette culture.

Près de 500 bouchots, d'une longueur moyenne de 450 mètres, sont en pleine culture. Cet appareil se développe sur une longueur totale de 215 kilomètres, et produit une quantité moyenne de 35 millions de kilogrammes de moules, qui, sur le marché, produisaient un revenu brut de 1 million à 1,200,000 francs.

Ces chiffres laissent à penser quelles ressources alimentaires on tirerait de cette source de produits si on la développait sur tous les points du littoral français où elle est possible.

Les soins que subissent les huîtres dans les parcs de Marennes ont été, de la part de M. Coste, l'objet d'une description minutieuse autant qu'intéressante.

C'est là une véritable culture; on ne peut en douter un

instant quand on compare l'huître ainsi cultivée à l'huître produit immédiat de la pêche sur les bancs naturels.

Telles sont les exploitations aquicoles qui se pratiquaient sur les côtes de l'Océan, il y a une douzaine d'années.

Moules et huîtres étaient les seules espèces marines soumises à une véritable domestication, à une culture proprement dite.

Aucun fait de ce genre n'a été observé par M. Coste sur notre littoral méditerranéen, et nous devons, à sa suite, aller admirer, en Italie, la culture des huîtres, qui se pratique avec tant de succès dans le lac Fusaro, où, ainsi que dans la mer de Tarente, on les cultive en chapelets sur des cordes tendues entre des pieux. Ce fait, relatif à la mer de Tarente, nous a été rapporté *de visu* par le digne et savant président de notre Comité d'aquiculture, M. Derbés, professeur à la faculté des sciences de Marseille.

Puis, la belle industrie de la lagune de Comacchio, située dans le delta formé par la bifurcation du Pô, à son embouchure.

Quelque ingénieuse que soit cette industrie, elle ne peut porter le nom de *culture*. C'est un moyen de pêche perfectionné et combiné de telle sorte, que les produits alimentaires, ainsi retenus et jetés dans la consommation, sont considérables.

Mais, quoi qu'il en soit, comme c'est avant tout *les résultats* que nous cherchons, nous devons bien reconnaître, avec M. Coste, que s'il existait en France une localité où pût être créé un nouveau Comacchio, ça serait rendre à la nation un service immense que d'accomplir une pareille tache. La production moyenne de Comacchio, il est bon de le savoir, s'élève annuellement à 1 million de kilogrammes environ de poissons.

Y a-t-il sur notre littoral méditerranéen des localités propices à une industrie analogue à celle de Comacchio?

c'est ce que nous nous proposons d'examiner dans le cours de cette étude, puisque notre but est de rechercher les applications aquicoles ou industrielles praticables sur nos rivages méridionaux.

Depuis que l'œuvre d'initiation, à laquelle s'est voué M. Coste, s'est répandue et développée, divers essais de culture marine ont été pratiqués avec succès sur les côtes de l'Océan.

L'exemple de ce qui se pratique actuellement à Arcachon en est une preuve manifeste.

Avant l'intervention bienfaisante de M. Coste, l'industrie huîtrière produisait dans cette baie un revenu de mille francs, il est maintenant de plus d'un million.

La vente des huîtres s'est élevée, dans ces dernières années, à 8 et 10 millions de sujets.

L'initiative prise par l'Etat, l'exemple qu'il a donné en créant des fermes modèles, en affectant à l'exploitation de ces fermes un navire de la marine Impériale monté par 40 hommes d'équipage, nous prouvent que, dans bien des cas, le concours, l'impulsion de l'Etat sont utiles, indispensables dans notre pays, où les idées nouvelles, même les meilleures, ont bien des luttes à subir, bien des obstacles à renverser avant de recevoir droit de cité et crédit, avant d'entraîner à leur suite les efforts et les capitaux de l'initiative privée.

Les progrès incessants de l'industrie aquicole de la baie d'Arcachon font entrevoir pour l'avenir un accroissement considérable des revenus ; M. Coste affirme qu'ils s'élèveront à 15 et 20 millions le jour où l'on aura tiré des 800 hectares de terrains émergents de cette baie tout le parti possible. Les premières étapes, jusqu'ici parcourues si brillamment, nous inspirent la plus profonde confiance dans cette prédiction.

Remontant plus haut vers le nord, nous trouvons la

culture de l'huître en pleine activité sur les rivages de la
Charente-Inférieure, à l'île de Ré, et sur les côtes de la
basse et haute Bretagne.

M. le docteur Kemmerer nous fait connaître les bienfaits
répandus sur la population de l'ile de Ré par l'ostréoculture,
qui en est à sa sixième année d'existence et dont le produit
moyen des parcs s'élève à 75,000,000 d'huîtres environ,
répartis sur une surface de parcs de 150 hectares ; le revenu moyen annuel est de un million de francs.

Les mollusques n'ont pas été le seul objet des récents essais faits sur les côtes de l'Océan ; les poissons et les crustacés ont aussi été expérimentés. Il est utile de citer quelques faits relatifs à la culture de ces précieuses espèces.

Il nous faut, à ce sujet, revenir encore à la riche baie
d'Arcachon, où la nature a prodigué les conditions les plus
favorables aux pratiques de l'aquiculture, aux applications
de la science nouvelle.

Les réservoirs de la baie d'Arcachon produisent annuellement d'abondantes récoltes de muges, de bars (loup) et
d'anguilles.

Les méthodes de culture y employées ont été décrites
par M. Millet, inspecteur des forêts, avec une connaissance
approfondie des moindres détails, et aussi avec une force
de conviction entraînante. M. Millet est un des apôtres de
la pisciculture.

En consultant les documents qu'il a publiés, il y a près
de dix années, au sujet de la pisciculture marine dans
l'Océan, nous trouvons des chiffres de la plus haute élo-
quence.

En 1854, les produits de la pêche dans les réservoirs
d'Arcachon s'élevaient à 100,000 kilog. de poissons, et ce,
« sans qu'aucun préjudice, ajoute l'auteur, ait été porté
« par cette extension à la pêche maritime de cette localité.

« Dans ces conditions, et en présence du renchérisse-

« ment toujours croissant des denrées alimentaires, no-
« tamment en matières animales, on ne peut que favoriser
« l'exploitation et le développement de ces réservoirs, car
« *s'ils n'existaient pas il faudrait les créer.*

« Leur développement sur le littoral de l'Océan et *leur*
« *organisation avec quelques modifications sur le littoral*
« *de la Méditerranée*, auraient d'immenses résultats pour
« l'alimentation des classes ouvrières en fournissant d'une
« manière régulière et à des prix très modérés une masse
« considérable de poissons comestibles. »

C'est ainsi que s'exprimait, il y a dix ans, M. Millet, en
présence de la Société d'acclimatation. Nous citons avec in-
tention ce passage de son remarquable travail, parce qu'il
appuie nos idées et en démontre une fois encore le côté
pratique.

Les grands crustacés, tels que le homard et la langouste,
soumis au régime de la stabulation, s'y sont parfaitement
acclimatés à Concarneau, dans les bassins du pilote Guillou,
où, depuis, des expériences plus démonstratives encore,
dirigées par M. Coste, ont révélé tout le parti que l'on pouvait tirer de l'éducation, en vivier, de ces précieux crustacés, dont la consommation prend de nos jours une si considérable extension.

Un fait pratique, bien digne d'être signalé à ce propos,
est la transformation, par M. de Cressoles, du marais de
Kermoor en un lac salé de 70 hectares et contenant actuellement 70,000 homards et langoustes adultes ; des tur_
bots introduits dans ce lac y prospèrent à merveille.

Ces pratiques sont appliquées par nos voisins d'outre-
manche sur une très grande échelle, et c'est par centaines
de mille qu'ils élèvent dans leurs viviers, admirablement
aménagés, les utiles crustacés que nous venons de citer.

Ainsi conservés vivants, dans un milieu convenable à
leur nature, nourris régulièrement, poissons, crustacés et

mollusques peuvent être assimilés aux espèces comestibles que nous rangions, au début de ce travail, parmi les *produits cultivés*.

Cette *viande de la mer*, pour nous servir d'une expression déjà employée, peut, dans ces conditions, arriver régulièrement sur les marchés en dépit des intempéries et des insuccès de la pêche, circonstances dont l'incertitude amène tant de fluctuations dans les prix de vente.

La consommation considèrerait comme un avantage immense l'existence de cours réguliers, et le seul moyen d'y parvenir consiste dans le développement de plus en plus grand des cultures et industries aquicoles.

Avant de clore cette nomenclature des cultures marines sanctionnées par la pratique, il est bon de rappeler que la science continue activement ses recherches en vue d'applications nouvelles.

Déjà nous avons cité Concarneau.

M. Coste a créé là, en utilisant les connaissances pratiques du pilote Guillou, un véritable laboratoire de pisciculture marine.

Ce magnifique établissement, conquis sur la mer, à laquelle il oppose ses remparts de granit, est le cabinet des manipulations piscicoles. Des essais de tous genres y sont tentés, de persévérantes observations y sont faites à chaque heure. C'est là, pour un savant naturaliste, un charmant lieu de retraite, où se multiplient à l'envi les ressources d'études. C'est là que naissent, aux frais de l'Etat, les tâtonnements, que s'accomplit la période d'incubation de toute application encore inédite, et, quand survient l'éclosion, elle est bientôt, de là, lancée dans le domaine de l'industrie, si la possibilité pratique paraît suffisamment démontrée.

Rien d'intéressant comme le récit de tout ce qui se fait à Concarneau : l'éducation si curieuse de quelques poissons plats, celle du turbot surtout; — la reproduction en vivier de diverses espèces de poissons et de crustacés; — les observations si intimes sur les mœurs des sujets en stabulation, sur leur mode de nutrition ; — leurs mues ; — leur reproduction.

Mille faits et renseignements précieux mis à la disposition de l'industrie.

Grâce aux découvertes dont ce laboratoire, sans pareil, enrichit chaque jour la science, les horizons de l'aquiculture vont s'élargissant toujours davantage, et, plus que jamais, il y a lieu de nous préoccuper des voies et moyens les plus propres à introduire dans la pratique, les découvertes du cabinet, à passer de la théorie à l'application.

Tel est notre but ; mais avant d'appliquer il faut encore savoir *où* et *comment* est possible l'application.

De ce qui est, des faits actuels nous pouvons déduire, par comparaison ou analogie, ce qui pourrait être, et arriver ainsi à une très grande approximation de probabilités.

De ce qu'une terre ensemencée de blé produit une récolte, nous pouvons déduire qu'une autre terre, située dans des conditions climatériques et chimiques analogues, produira récolte aussi, si on la couvre de semence, si on la cultive comme la première.

Ainsi des champs de la mer !

Pourquoi ne les traiterait-on pas comme ceux de la terre et n'espérerait-on pas obtenir ici ce qui est obtenu là, alors que les conditions de succès sont identiques ou analogues?

Les probabilités sont-elles contraires au succès de l'éducation des langoustes en viviers, dans la Méditerranée, alors que ce crustacé est si aisément acclimaté dans les bassins de l'Océan ?

Quels obstacles s'opposent à la mise en stabulation, dans nos étangs, des espèces marines qui les fréquentent, puisque, à Arcachon, cette industrie est devenue la source de fort beaux revenus?

Bien qu'il reste encore beaucoup à apprendre sur ces questions, il nous est permis d'affirmer souvent, on vient d'en avoir la preuve. A la *période d'initiation* doit succéder maintenant la *période d'application*. Par un rapide exposé, nous venons de faire connaître les progrès obtenus dans cette voie sur les côtes de l'Océan, où chaque jour enregistre un développement, un perfectionnement nouveaux.

Quelques années encore, et se trouveront réalisées, sur cette partie de nos rivages français, les belles prédictions de M. Coste.

En est-il de même sur le littoral méditerranéen, et peut-on fonder sur lui, pour l'avenir, les mêmes espérances?

C'est ce que nous nous proposons d'examiner, en recherchant en même temps les motifs des retards imposés à la propagation, chez nous, des méthodes de culture marine ; nous n'aurons pas de peine à démontrer ensuite qu'elles y sont possibles comme sur les bords de l'Océan.

Nous indiquerons enfin où et comment on peut les appliquer.

III

Les faits interessants dont nous venons de faire une rapide énumération prouvent, jusqu'à l'évidence, que l'aquiculture marine appartient maintenant au domaine des choses réelles, positives, sur la plus grande étendue des côtes françaises.

Si nous ne pouvons constater de semblables résultats sur les bords de notre belle Méditerranée, à quoi faut-il l'attribuer ?

Comment se fait-il que les progrès accomplis jusqu'à ce

jour dans cette nouvelle branche de l'industrie humaine
aient déserté notre littoral favorisé par un si beau climat?
Les conditions de succès feraient-elles défaut ici et y
a-t-on reconnu l'impossibilité de réaliser les beaux résultats obtenus sur d'autres rivages ? Pourrait-on citer d'ailleurs le moindre essai qui ait poussé au découragement
d'abord, puis à l'abandon?

Non ! nous n'en sommes pas là heureusement, et nos
flots tout resplendissants du plus bel azur sont, comme les
vagues grises de l'Océan, propres à la culture des espèces
marines ; si nous subissons un retard à ce point de vue il
ne faut pas s'en étonner. Nous allons tenter d'en expliquer
les causes.

Ces causes nous les trouvons d'abord dans la différence
essentielle qui existe entre les rivages des deux mers.

Dans l'Océan, grâce à la marée, se trouvent partout des
terrains émergents, la partie du rivage que le flot recou-
vrait tantôt est maintenant à sec. Mouvement périodique,
incessant, dont la régularité facilite singulièrement les travaux de culture.

On le conçoit aisément: ainsi, divers mollusques tels que
les huîtres et les moules peuvent, sans danger pour leur
existence, s'accommoder d'une vie amphibie, ils y gagnent
même en qualités comestibles; dès lors, rien de facile comme leur culture puisque l'aquiculteur peut se livrer *à sec*,
au milieu même de ces mollusques, à toutes les opérations
qu'exige leur éducation.

Pour les poissons et les crustacés soumis à la culture, la
marée crée aussi de grandes facilités.

Ces espèces ne peuvent, il est vrai, demeurer à sec comme les mollusques précités ; mais il est aisé de construire
des bassins-viviers sur les parties du littoral que la mer
couvre et découvre et d'y maintenir, à flot, au moment
du retrait de la mer, les animaux en stabulation.

Le renouvellement des eaux dans ces viviers s'effectue à l'aide d'un simple jeu de vannes et de grillages, à travers lesquels s'engagent l'eau et les matières alimentaires, fretin et autres qu'elle entraîne, sans qu'aucune issue soit ouverte aux habitants des viviers.

Il est donc indubitable que la marée, dans l'Océan, est l'une des grandes facilités de la culture marine ; c'est là un élément incontestable de supériorité sur les conditions naturelles des rivages méditerranéens à peu près dépourvus de tout phénomène de ce genre.

À ce motif de premier ordre s'en ajoutent d'autres.

Les efforts des initiateurs, leurs premiers essais, ne pouvaient s'opérer sur tous les points à la fois.

Paris, dans cette époque de pleine centralisation, est le foyer, le point de départ de tous les progrès, le lieu de résidence des hautes influences, des plus illustres savants, le centre d'émanation de toutes les impulsions. Ce qui est si généralement une vérité pour toutes choses devait l'être aussi pour la pisciculture ; Paris devait donc être le berceau de la science nouvelle ; ses grands promoteurs y ont bien, en effet, leur sphère d'activité , et c'est de là que devaient jaillir ces nouveaux rayons de lumière.

Or, les côtes de l'Océan sont beaucoup plus rapprochées du grand centre que celles de la Méditerranée.

Remarquons encore que la surface du littoral océanique, quatre à cinq fois plus considérable que celle de nos côtes du Midi, sollicitait plus directement l'attention, en présence surtout de l'avantage des marées et par suite de l'existence d'une vaste étendue de terrains émergents dont manquent absolument les rives de nos départements méridionaux.

Nous ne devons donc pas nous étonner de ce que les premières tentatives aquicoles du gouvernement, sous l'inspiration de M. Coste, aient eu pour théâtre les bords de l'Océan.

Une autre considération tirée aussi de l'existence des marées dans l'Atlantiqe devait y rendre plus facile l'application des idées nouvelles.

Tout le monde connaît le régime de l'inscription maritime et les conséquences de ce régime : comme compensation à la charge imposée aux marins inscrits de servir l'Etat suivant ses besoins jusqu'à l'âge de 50 ans, la pêche marine est devenue le privilége exclusif des marins ; la mer est leur domaine, eux seuls peuvent y exercer l'industrie de la pêche ou des transports.

De cet état de choses il résulte que le gouvernement ne peut, sans toucher à ce privilége et le détruire en partie, aliéner une portion quelconque des surfaces baignées par la mer ; il s'expose chaque fois que, poussé par un intérêt public, il enlève à la pêche une crique, la moindre des calanques, à des plaintes de la part des pêcheurs dont les droits se trouvent ainsi altérés ; aussi, l'Etat recule-t-il toujours autant que possible devant les objections fondées qui lui sont adressées, et n'accorde-t-il que très rarement des concessions situées dans les fonds de pêche naturelle.

Or, les terrains émergents de l'Océan se prêtent, à ce point de vue, bien mieux aux concessions sollicitées dans un but aquicole parce que, en réalité, ils ne peuvent être considérés comme des fonds poissonneux, ils ne peuvent servir à une industrie de pêche régulière se trouvant à sec pendant la moitié de la journée.

Le poisson qui s'y trouve amené par le flot, disparaît au moment du retrait ; on pourrait donc considérer, en fait, le véritable domaine des marins comme limité par la ligne moyenne des surfaces sans cesse baignées par la mer.

Rien de semblable n'a lieu dans la Méditerranée. A part

de légères variations dans les niveaux, conséquence des vents et aussi de la même influence qui produit les marées, les rivages baignés, le sont en permanence, et les marins, avec quelque droit, considèrent comme leur propriété exclusive toutes les parties du littoral qu'ils exploitent dans ses moindres replis; il est, pour ces raisons, plus difficile à l'Etat, malgré la faveur dont il entoure les travaux piscicoles, d'arracher aux pêcheurs les surfaces où ils trouvent leurs moyens d'existence.

C'est, en réalité, un grave intérêt dont il serait peu juste de ne pas tenir compte et il faut bien qu'en attendant des circonstances légales plus favorables, la pisciculture méditerranéenne subisse les effets de ce régime.

Nous aurons lieu d'indiquer bientôt combien grand encore est le champ qu'on y peut *librement* cultiver.

Il résulte de ces diverses considérations, que la pisciculture à suivi une marche toute naturelle en choisissant, pour y faire ses premiers pas, les localités les plus convenablement appropriées à son but et ne s'étendant jusqu'aux autres parties du littoral français qu'après le sanctionnement de la pratique et des expériences démonstratives jusqu'à l'évidence.

Les encouragements accordés par l'Etat devaient bien naturellement aussi s'exercer sur les localités déjà en voie de *défrichement*; c'est pourquoi des fermes modèles ont été créées à Arcachon ; un laboratoire piscicole a été installé à Concarneau.

Les heureuses conséquences de ces créations prouvent tout ce que l'on pourrait attendre de l'organisation dans la Méditerranée, d'une *ferme modèle d'aquiculture marine*, précieux moyen d'activer l'essor de la pisciculture, de transformer en mines fécondes de produits alimentaires les vastes étangs situés entre l'Espagne et les embouchures du Rhône.

2

IV

Si la Méditerranée attend encore une ferme modèle de pisciculture marine il faut bien reconnaître que cettte mer n'a pas été oubliée par l'Etat dans ses vues de repeuplement.

Des essais y ont été faits il n'y a pas bien longtemps.

Comme cela̧paraissait rationnel, ces essais devaient avoir pour objet l'une des espèces marines comestibles les plus appréciées, l'*huitre* dont nos fonds sont malheureusement si peu prodigues.

Ces tentatives du gouvernement ne sont pas du domaine de la pisciculture proprement dite : le but était de peupler, en semant sur des fonds convenables ou appréciés comme tels , une quantité considérable d'huîtres apportées de l'Océan.

Le succès devait surtout profiter à l'industrie de la pêche, aux marins. C'était une sérieuse tentative d'intérêt général.

Il n'est pas hors de propos de mentionner ici l'état actuel de ces essais.

Toutes les régions de notre littoral ont été simultanément expérimentées ; les points principaux où des huîtres ont été déposées sont : Villefranche, près de Nice ; — les environs de Saint-Tropez, — la rade de Toulon, près de la Seyne, — l'anse de Portmiou, près Cassis, — les golfes de Marseille et de Fos, — le port de Bouc, — l'étang de Thau, au pied du rocher de Rouquairol.

Voilà bien des fonds différents et par le fait de leur position topographique, par la saturation de leurs eaux, et aussi par la nature des productions végétales ou animales qui les recouvrent.

De meilleures conditions d'essai ne pouvaient être réalisées ; le mode d'expérience fournissait au moins des moyens de comparaison par le fait de la simultanéité des divers dépôts.

La vérification, après un laps de temps convenable, n'a pas donné lieu d'être satisfait.

Sur divers points tels que Villefranche, — Portmiou, — port de Bouc, — une mortalité à peu près complète a été constatée. — Ailleurs, à Toulon surtout, la reproduction s'est manifestée en abondance, dans les premiers temps, puis, elle a paru décroître de plus en plus sans que l'on ait pu apprécier les véritables motifs de cette dégénérescence.

Dans le golfe de Fos quelques huîtres ont subsisté ; on en pêche accidentellement et l'on y remarque aussi du naissin; mais qu'il y a loin de cela à un peuplement sérieux !

Dans l'étang de Thau, les huîtres, mieux surveillées, grâce au gardien spécial cantonné sur le rocher de Rouquairol, ont été facilement observées et fréquemment vérifiées. Elles paraissent se plaire beaucoup au sein du milieu qui les renferme, mais leur grande prospérité est peut-être là un motif d'insuccès. En véritables égoïstes elles croissent et engraissent pour leur propre compte, mais elles ne multiplient pas : c'est pourtant ce qu'on leur demandait.

De cette expérience, spéciale à l'étang de Thau, il résulte que si les eaux de cet étang ne sont pas favorables à la reproduction des huîtres elles leur offriraient au moins un milieu très convenable pour *graisser* et se développer. Avantage dont l'industrie pourrait tirer un utile parti, en parquant, dans cet étang, des huîtres toutes petites importées d'Arcachon ou de toute autre partie de l'Océan.

Ce que nous venons de dire au sujet de ces essais, tout en témoignant de la part qu'a eue notre mer à la sollicitude gouvernementale, fait ressortir encore un motif des retards imposés ici à l'aquiculture.

L'insuccès relatif de ces tentatives faites sur une assez grande échelle devait entraîner un temps d'arrêt pour les sacrifices à faire dans la Méditerranée : ces essais de repeuplement n'étant ni de nature à encourager la persévérance de l'Etat, ni faits pour provoquer le rapide développement, par l'industrie privée, des procédés aquicoles.

Mais avançons plus loin dans notre sujet et hâtons-nous surtout de prouver qu'il n'y a pas lieu de s'effrayer des motifs de découragement que nous venons de signaler et qu'il s'en faut que l'on doive en conclure à l'impossibilité de l'aquiculture dans les eaux méditerranéennes.

V

L'observation attentive et raisonnée des phénomènes de la nature nous conduit, en présence surtout de la foule des analogies que l'on est à même de connaître et de comparer, à apprécier les chances de succès que peuvent offrir certaines tentatives de culture et de domestication.

Les résultats obtenus dans l'Océan sont déjà pour nous des raisons plausibles d'admettre des succès du même ordre dans la Méditerranée si l'on y procède d'une manière identique ou analogue.

Ainsi, pour citer quelques exemples, nous voyons la moule prospérer également sur certains points des deux mers.

Ce mollusque, il suffit de le suivre et de l'étudier de près, est un animal essentiellement rustique, s'accommodant également de la vie au sein d'un milieu tranquille ou agité , se prêtant à bien des degrés divers de saturation des eaux; supportant des variations de température excessives, subissant, sans s'altérer, des transports, des changements brusques de milieux et de climats, s'attachant bientôt à sa nouvelle résidence et y reprenant ses fonctions de croissance et de multiplication.

Pourrait-on citer un être du règne animal réunissant des conditions plus favorables à la culture, et ne pouvons-nous, en observant l'analogie qui existe entre la moule de la Méditerranée et celle de l'Océan, conclure à la possibilité absolue de sa mise en culture dans nos eaux ; ne pouvons-nous prédire, avec conviction, le succès de la *Mytiliculture.*

L'observation seule nous conduit à compter sur le succès le plus complet. C'est donc un essai à tenter sérieusement.

Si nous passons des mollusques à des êtres d'un ordre supérieur, nous assistons aux heureux résultats produits par l'élève des grands crustacés en viviers. Les langoustes et les homards, dont le nombre est assez grand dans certains fonds rocheux (en Corse principalement), de notre Méditerranée ne s'acclimateraient-ils pas aussi bien ici que dans les bassins de l'Océan, et cette industrie, si productive en haut, pourquoi ne le serait-elle tout autant plus bas, puisque là, se trouvent des conditions de succès identiques sinon supérieures ?

Nul ne pourra mettre en doute qu'il n'y aurait lieu d'espérer le succès en imitant les méthodes usitées à Concarneau, à Kermoor, en Angleterre, et dans bien d'autres localités, si on tentait dans nos eaux l'éducation en viviers des grands crustacés comestibles.

Elevons-nous plus haut encore dans le monde organisé.

Les poissons, diverses espèces au moins, sont déjà l'objet d'une culture importante.

Le *muge*, par exemple, pullule dans les réservoirs d'Arcachon. Chaque année l'alevin y est introduit à l'époque convenable, puis il y est maintenu, comme en cage, à l'aide de vannes que l'on n'ouvre que pour les opérations du *boire* et du *déboire*. (1)

Ce poisson, sans exiger des soins spéciaux, se développe rapidement ; il pait les herbes qui croissent naturellement sur les paccages de ces viviers et atteint, au bout de trois années, une dimension qui permet de le vendre à des prix très rémunérateurs.

L'*anguille* n'exige pas plus de soins.

La culture de ces deux espèces consiste en un véritable ensemencement d'alevin dont le développement s'obtient sans travaux spéciaux ; il n'y a plus qu'à pécher au moment où les élèves ont atteint l'âge voulu.

Y a-t-il genre de culture agricole plus commode et plus économique ? Nous n'en connaissons pas.

L'aquiculture, selon nous, est dans la plupart de ses applications de l'*agriculture sans engrais*, puisqu'il suffit de semer pour récolter sans rien ajouter, le milieu producteur étant inépuisable.

Quels beaux résultats produirait la terre si on parvenait à obtenir d'un même champ une récolte annuelle, sans avoir à y déposer la moindre parcelle d'engrais !

Rentrons dans nos probabilités. Pourquoi le muge et l'anguille dont nous venons de constater l'éducation facile dans les eaux d'Arcachon, ne produiraient-ils des résultats aussi avantageux dans les nombreux étangs de notre littoral où, à l'état libre, ils vivent en si grandes troupes ?

Faute de culture et de soins, l'alevin qui y abonde, est exposé, maintenant, à des causes de destruction qu'il serait aisé de supprimer.

Fermons un de ces étangs, le poisson qu'il contient ces-

---

(1) On exprime par ces mots les deux opérations qui ont pour objet le renouvellement de l'eau dans les bassins. On vide d'abord en partie et l'on remplit ensuite.

sera-t-il d'y vivre et d'y prospérer ? Introduisons dans ce même bassin une quantité d'alevin assez considérable ; ne s'y développera-t-il pas rapidement ?

Il n'y a qu'une *affirmation absolue* en réponse à toutes ces questions.

Pourquoi nous contenter alors des bénéfices dus aux hasards de la pêche, alors qu'on peut commander à ces hasards, et recueillir sur un même point, sur des surfaces identiques, un nombre de poissons dix, quinze, vingt fois plus considérable, alors qu'en réalisant des bénéfices, bien autrement sérieux que ceux d'aujourd'hui, on rendrait un si grand service à l'intérêt général !

Ces rapprochements doivent assurément nous encourager, et un insuccès partiel, tout spécial d'ailleurs, ne peut en rien nous pousser à l'inaction. Il n'est pas surprenant que tel mollusque prospère dans l'Océan et dépérisse dans la Méditerranée.

Nos probabilités sont basées sur l'observation et un peu sur l'imitation de la nature. Pour le moment, nous voulons nous borner à suivre son exemple, à faire ce qu'elle fait et comme elle le fait, sans avoir la prétention de la dépasser ; nous cherchons à lui emprunter directement ses produits, en nous bornant à les élever dans des conditions de sécurité qu'elle ne veut leur offrir, suppléant aux causes nécessaires de destruction par sa prodigieuse fécondité.

L'observation de la nature, que nous ne cessons d'invoquer, ne nous démontre pas la richesse en huîtres de nos fonds méditerranéens. Ce mollusque nous apparaît épars sur les divers fonds, mais il n'y constitue guère, comme dans l'Océan, des bancs innombrables et d'un repeuplement illimité.

C'est pour obvier à cette rareté, à l'insuffisance de notre production huîtrière, que le gouvernement a ordonné des importations d'huîtres, a tenté la création de bancs artificiels susceptibles, en cas de succès, de se transformer en bancs naturels.

A l'Etat seul sont permis des essais d'acclimatation de ce genre, parce qu'il peut, sans dérangement, les poursuivre durant des années, tandis que l'industrie privée ne peut, sans certitude de compensation immédiate, engager ses capitaux ; elle ne peut, en France surtout, courir les risques, les aventures d'essais dont les résultats sont à une trop longue échéance. C'est pourquoi nous ne saurions trop lui conseiller de ne pas débuter par des *tentatives d'acclimatation*.

Tout le monde a, comme nous, remarqué cette tendance à vouloir, tout d'un coup, voir dépasser le but.

Parle-t-on pisciculture, aussitôt se trouve un interlocuteur pour vous dire : Tâchez donc de cultiver le merlan, le saumon, l'huître, etc.

En un mot, les poissons et autres espèces de luxe les plus appréciées.

Autant vaudrait dire à un agriculteur qui parlerait bétail : élevez donc des chevreuils, des faisans, des colins.

Nous ne saurions trop conseiller, redisons-le, de s'attacher de préférence à cultiver toujours les espèces propres au lieu où se font les essais ; les espèces qui le fréquentent naturellement.

Plus tard, ces questions une fois résolues et généralement appliquées, il n'y aura plus d'inconvénients à tenter l'introduction de certains poissons exotiques

La culture maraîchère est bien parvenue à faire pousser des ananas en serre chaude.

Nous sommes loin de nous opposer aux orchidées de l'aquiculture de l'avenir, mais, les populations ne se nourrissant pas d'ananas, avant de songer au luxe songeons à l'utile ; avant de cultiver le gibier développons le bétail.

Le muge, l'anguille, le bar, — les moules, — les lan-

goustes. . . . . . . sont le bétail de la mer; ce sont là des espèces comestibles assimilables au bœuf, au mouton. Tels
sont les animaux marins qu'il faut d'abord, qu'il est es-
sentiel d'élever sans aller chercher ailleurs ce qui abonde
autour de nous ; sans nous exposer au découragement par
des efforts aussi infructueux qu'inutiles.

VI.

Les quelques faits que nous venons de mentionner, au
sujet de la tentative faite par l'Etat sur le peuplement d'huîtres de nos fonds méditerranéens, n'ont eu d'autre but
que de donner, d'une part, la preuve de la sollicitude de
l'Administration de la marine, pour la pêche de notre littoral, et d'établir, d'autre part, une distinction complète
entre les tentatives d'acclimatation et la culture proprement dite.

Au moment d'entreprendre l'examen des diverses espèces, dont la culture est appelée à entrer dans le domaine
immédiat de la pratique industrielle, nous nous abstien-
drons de conseiller la culture de l'huître ; qu'on n'en soit
pas surpris, non pas que nous désespérions d'arriver jamais à tirer parti de l'huître, sur nos fonds, mais parce
que cette question, loin d'être résolue, exige encore des
études, des recherches nouvelles.

Jusqu'au terme de sa période d'incubation, cette question de l'huître doit être laissée de côté, dans les cas où il
s'agit de la pratique immédiate ; elle doit jusque là faire
l'objet des préoccupations de la science.

Toute dissertation sur ce point spécial serait d'ailleurs
hors de propos dans un travail d'ensemble, qui a surtout
pour but principal l'indication des cultures actuellement
possibles, immédiatement praticables.

Les espèces marines qui se trouvent dans ce cas, et dont

il serait urgent de voir l'industrie s'occuper au plus tôt, sont de deux sortes :

1° Les unes fréquentent la pleine mer ou les rivages battus par la mer, en dehors du voisinage des eaux douces ; nous les appellerons : *Espèces salées.*

2° Les autres se plaisent aux environs des embouchures des fleuves, fréquentent les étangs en communication avec la mer. Leur milieu ne dépasse guère, en saturation moyenne, 1° 1/2 à 2° ; nous les désignerons sous le nom d'*Espèces saumâtres.*

Il en est qui pourraient indifféremment être rangées dans l'une ou l'autre des deux classes ; nous les mentionnerons dans l'une et dans l'autre, quand nous aurons à citer des espèces qui leur sont communes.

Il est bien entendu que, pour ne pas nous exposer à errer dans l'inconnu, nous nous bornerons à parler des espèces marines déjà expérimentées, d'une éducation reconnue possible, laissant à l'avenir le soin d'amplifier bientôt nos énumérations (1).

Les *Espèces salées* ne fournissent, pour le moment, que peu de variétés ; les voici :

Poissons : Turbot — sole — surmulet — bar — dorade — scorpène — congre.

Crustacés : Homard — langouste — chevrette — crabe.

Mollusques : Moules — praires doubles (*Venus verucosa*) — praire rouge — clovis.

Les *Espèces saumâtres* comprennent :

Poissons : Muge — anguille — dorade — bar — sole, et un assez grand nombre de petits poissons, tels que gobies divers — mélets — labres divers — surmulets — loches, etc., etc.

---

(1) Notre énumération n'a rapport qu'aux espèces cultivables dans la Méditerranée.

Crustacés : Crabe enragé — chevrettes.

Mollusques : Moules — certaines Venus (clovis) — bucardes.

Cette liste est bien assez longue déjà et il y a certes de quoi débuter, mais nous sommes convaincus que des travaux pratiques suivis nous conduiront à soumettre au régime de la stabulation une infinité d'autres espèces utiles.

Sachons maintenant nous en tenir aux variétés connues, expérimentées, lesquelles d'ailleurs constituent la majeure partie des produits de la mer, qui alimentent nos marchés, en exceptant toutefois les *animaux migrateurs*, dont la culture n'a pas à s'occuper. — Il ne peut être ici question que des *poissons sédentaires*. Consacrer ses efforts à l'éducation du poisson voyageur, reviendrait à tenter la culture des cailles ou d'autres oiseaux de passage, et nous en serions encore aux *orchidées*, au superflu de l'aquiculture, alors que le nécessaire nous fait si grandement défaut.

Nous laissons de côté, à dessein, les poissons d'eau douce qui, à certaines époques, remontent de la mer dans les cours d'eau.

Il faut à ces espèces des conditions topographiques capables de favoriser leurs pérégrinations ; ces conditions sont difficiles à trouver dans nos parages, surtout quand il s'agit d'une culture ; il n'y a donc pas lieu de s'en occuper.

L'alose est le seul de ces poissons que nous aurions à citer ; quant au saumon, à part quelques cas isolés (1) qui ne suffisent pas pour nous édifier sur la possibilité d'acclimater, dans nos eaux, ce précieux animal, nous pensons qu'il est plus naturel de le laisser aux régions froides, pour

(1) Quelques saumons et truites ont été pêchés dans l'étang de Berre dans ces derniers temps.

lesquelles il a été créé ; puisque nous avons le *certain*, courir même après le *probable* serait folie.

En ce siècle de fièvre, où la rapidité d'hier est toujours dépassée demain, où des semaines valent des mois, plus que jamais il vaut mieux tenir qu'attendre.

VII.

Le littoral méditerranéen français peut se diviser en deux zones distinctes, dont le Rhône, par sa branche *Est*, est le point de séparation.

Toute la région située entre Nice et l'embouchure *Est* du Rhône, est surtout propre aux espèces salées ; l'autre région, depuis le Rhône jusqu'à Port-Vendres, contient des marais et étangs essentiellement favorables aux espèces saumâtres.

Nous avons, il y a quelques mois, visité en détail ces diverses localités ; il nous est donc permis d'en parler sciemment, de traiter *de visu* cette intéressante question.

Nous devons cet avantage à la bienveillance extrême de M. Coste, qui a mis gracieusement à notre disposition le *Favori*, aviso à vapeur de la marine Impériale, affecté spécialement aux travaux aquicoles dans la Méditerranée. Le concours si obligeant du commandant du *Favori*, M. Trotabas, a singulièrement facilité ce voyage d'exploration ; il nous a aidé de ses connaissances pratiques, si précieuses en pareil cas, puisqu'en même temps nous pouvions compter et sur sa connaissance profonde des lieux parcourus, et sur la précision de ses renseignements relatifs aux travaux piscicoles accomplis, aux essais en voie d'organisation, enfin aux diverses variétés propres à chaque localité.

Cette exploration n'a pas exigé moins de quatre mois, c'est dire assez qu'elle s'est effectuée dans toutes les conditions de l'observation la plus minutieuse.

Pour en faire le résumé, nous débuterons par l'extrémité Est de notre littoral, celle qui comprend Nice et ses environs.

Les départements contenus dans la zone propre aux espèces salées, sont ceux des Alpes-Maritimes, du Var, et une partie des Bouches-du-Rhône.

La zone des espèces saumâtres se développe le long de l'autre partie des Bouches-du-Rhône, du Gard, de l'Hérault, de l'Aude et des Pyrénées-Orientales.

Ces sept départements, riverains de la Méditerranée, ont donc un intérêt direct à voir se propager de nouvelles méthodes de culture, sources de richesses nouvelles.

Les rivages de l'Océan, beaucoup plus étendus, comprennent dix-huit de nos départements. L'ensemble de notre frontière maritime constitue un cordon littoral d'environ 400 lieues, dont 100 appartiennent à la Méditerranée ; développement bien assez considérable s'il était sagement utilisé par la culture marine.

Quiconque a parcouru nos départements méridionaux a été frappé de la différence qui existe entre les deux régions séparées par le Rhône.

Partant de la rive gauche de ce fleuve et nous dirigeant vers l'Est, nous rencontrons un pays toujours plus accidenté à mesure que nous nous approchons davantage de l'Italie ; les ramifications des Alpes vont multipliant de plus en plus leurs chaînons, dont les prolongements atteignent la mer, au bord de laquelle ils forment comme un rempart continu.

Dans toute cette région, pas le moindre étang et à peine quelques rares cours d'eau douce dont le lit, presque toujours à sec, ne se remplit qu'à l'époque des grandes pluies. Ce sont alors, il est vrai, de rapides torrents, mais, l'effet disparaissant avec la cause, on revoit bientôt le même lit de gravier sillonné par un imperceptible ruisseau.

Tels sont le Paillon, à Nice, le Var, et quelques autres cours d'eau.

Quelle différence, au contraire, de l'autre côté du Rhône ! Les montagnes ont disparu, une vaste étendue de plaines dont le niveau dépasse à peine celui des hautes eaux de la mer, se prolonge jusqu'à la frontière ouest ; plaines découpées partout par des étangs, là où le moindre surbaissement du sol devient un réservoir pour l'écoulement des pluies, comme aussi pour les infiltrations de la mer.

Ces surfaces, en y ajoutant les cours d'eau importants comme ceux du Rhône, de l'Hérault, de l'Aude, constituent un système hydraulique des plus favorables autant à l'empoissonnement naturel qu'à la culture des espèces aquatiques.

La plupart des poissons sédentaires qui peuplent nos côtes fréquentent surtout le voisinage des embouchures de rivières et s'engagent, à certaines époques de l'année, dans l'intérieur des étangs, soit pour s'y nourrir soit pour y déposer leur frai ; ce dernier cas est assez rare.

C'est pour cette raison que les étangs de Berre et de Thau sont si poissonneux.

Rien de tel dans la région *Est* que nous allons étudier la première.

Nous n'aurons , à son sujet, pas très long à dire, parce qu'elle offre peu de ressources à l'aquiculture ; elle possède néanmoins certains fonds favorables à des espèces comestibles fort appréciées, dont nous devons nous occuper.

Quand on parcourt les environs de Nice, la mer offre partout un spectacle grandiose et attachant ; ses flots, toujours limpides, son continuel azur, la température si généralement modérée de ses eaux, tout, à première vue, semble devoir s'harmoniser avec les meilleures conditions d'une culture marine avantageuse, mais cette illusion disparaît aussitôt qu'on étudie la question de plus près.

La nature a tout fait pour l'éclat et la richesse du paysage, mais bien rares sont les points de cette partie du littoral où elle ait créé des conditions topographiques convenables à de sérieuses exploitations aquicoles.

C'est ce qui nous a frappés lors de notre exploration des environs de Nice ; grande a été notre surprise de n'y rencontrer qu'un si petit nombre de coquillages comestibles.

Les renseignements pris sur les lieux nous ont confirmé la vérité de nos propres observations et la certitude que ces parages conviennent peu aux mollusques comestibles, tels que la moule ou la clovis, si abondants à quelques lieues de là.

Sans doute, à l'aide de l'acclimatation pourrait-on y introduire ces espèces ; les moules y prospèreraient peut-être, mais nous ne conseillons pas, fidèle à notre principe d'imitation de la nature, de rien tenter industriellement sur ces bords naturellement inhospitaliers pour les mollusques. Tout succès y deviendrait un tour de force que nous devons considérer actuellement comme un luxe bien au-dessus de nos moyens ; attendons que les espèces indigènes aient fourni les résultats qu'on doit en attendre, attendons le perfectionnement, par la pratique de méthodes encore nouvelles, alors seulement sonnera l'heure des tentatives extra-naturelles.

L'absence de cours d'eau et d'étangs, sur cette côte partout abrupte, est, dans cette zone, un sérieux obstacle à tout essai de culture marine, à part cependant quelques rares criques et anses naturellement disposées de manière à être isolées de la pleine mer par une clôture, et dans lesquelles l'élève des grands crustacés et de quelques poissons et mollusques se ferait aisément.

Un exemple de ce genre existe non loin de Nice, à *Saint-Jean*. Un hôtelier, M. Vassal, a eu l'heureuse idée de barrer par une grille l'entrée d'une petite crique située très près de son hôtel, et à lui concédée par l'administration de la marine.

Ce parc est entouré de murailles et fermé par une porte.

Des langoustes achetées en Corse sont introduites dans cette réserve, où on les nourrit jusqu'au moment de la vente.

Cette ingénieuse idée n'a pas manqué de fournir à **M.** Vassal des résultats lucratifs. On conçoit en effet que, grâce à ce facile et surtout peu dispendieux procédé, il puisse tenir des crustacés à la disposition de ses clients, à toute époque, et surtout lorsque *les produits naturels* de cette espèce précieuse manquent sur le marché.

Le vivier de Saint-Jean n'est pas un parc à crustacés, comparable à ceux de nos départements septentrionaux et de l'Angleterre. Le seul but poursuivi par le propriétaire est d'y entretenir des crustacés vivants ; mais l'observation de ce qui se passe à Saint-Jean, où les langoustes sont conservées et nourries durant des années entières, nous prouve que l'on tenterait avec succès l'éducation proprement dite des langoustes, dans les diverses criques du littoral où des aménagements de viviers seraient praticables sans exiger de trop fortes dépenses.

Ce vivier est, pour le moment, la seule installation de ce genre qui se puisse voir dans la zone salée, et c'est le seul exemple dont nous puissions recommander l'imitation dans les environs de Nice.

Par un fait dont les motifs échappent encore à nos investigations, tandis que les environs de Toulon sont essentiellement propices à l'existence et au développement des mollusques, ceux de Nice en sont totalement dépourvus.

Les qualités comestibles des coquillages de Toulon, moules — praires doubles et rouges — clovis — huîtres même, sont bien connues et appréciées.

Nulle part, sur notre littoral, la moule ne devient aussi grasse.

Les praires, mollusque si recherché des amateurs de coquillages, sont un produit spécial à cette localité, et les tentatives d'introduction de ce cardium, dans d'autres fonds, ne paraissent guère susceptibles de succès qu'à la condition d'être faites dans un milieu d'égale saturation.

Si Toulon est privilégié par ses riches productions naturelles, il lui manque encore le moyen d'utiliser son heureuse situation, en ajoutant à ses ressources actuelles les revenus d'exploitation marine de ses mollusques. Les espaces aliénables y sont malheureusement bien rares. Le domaine des pêcheurs y est, plus que n'importe où, rigoureusement respecté, vu les riches productions des fonds ; toute concession y est donc à peu près impossible.

Il est néanmoins utile de signaler tout le parti que l'on pourrait tirer de ces fonds si, par une transaction quelconque, on parvenait à y créer des cultures tout en conciliant les divers intérêts.

Les huîtres, nous l'avons dit plus haut, ont fourni là les meilleurs résultats, à la suite des essais tentés par l'Etat, et si quelque espérance du succès complet peut nous rester, c'est dans ces parages qu'il faudra poursuivre les études et observations.

Les environs de Toulon ne sont pas moins favorables aux crustacés; mais il faudrait, pour les y élever, pouvoir créer des viviers à peu de frais. Il en serait de même sur tout le littoral jusqu'à l'entrée du port de Bouc.

La plus grande difficulté consiste à trouver des anses qu'il soit possible de fermer, et ces anses n'existent qu'en très petit nombre. Il serait heureux qu'on pût les utiliser toutes, car il en résulterait un ensemble d'exploitations véritablement important.

Les anses concédées par l'Etat (dans l'île Pomègue) au

Comité d'Aquiculture pratique de Marseille, deviendront, dès qu'elles auront subi leur transformation en laboratoires d'expériences, de véritables modèles de la culture propre aux grands crustacés, et aux autres espèces salées, sur tous les points convenables de la zone *Est*.

En nous dirigeant de Toulon vers Marseille nous longeons un cordon de falaises au sein desquelles s'ouvrent peu de baies; celle de Portmiou se prêterait à nos vues; mais, par suite de l'existence, à son entrée, d'une abondante source d'eau douce jaillissante, la saturation moyenne de l'eau de cette anse est inférieure à celle de la mer. Nous avons trouvé 4° au fond et 2° dans les couches supérieures. Cette circonstance nous fait craindre l'impossibilité d'y élever de grands crustacés, encore faudrait-il l'essayer. Le loup, — le muge, — la moule et bien d'autres poissons y seraient facilement élevés.

En débarrassant le fond des herbes mortes qu'il contient, il conviendrait d'y essayer de nouveau l'éducation de l'huître.

D'autres anses, moins bien disposées, existent encore plus près de Marseille. L'endiguement de leur entrée nous paraît devoir être onéreux, et d'ailleurs faudrait-il que l'Etat pût les concéder à l'industrie privée, ce dont nous doutons.

Les moules abondent sur le littoral marseillais et particulièrement contre les blocs des nouveaux ports. Il y a donc là un milieu favorable à ce mollusque, mais absence complète de situations propres à une exploitation.

Ici, comme sur tous les bords que nous venons de visiter, les surfaces privilégiées sont plutôt le domaine de la pêche et sont susceptibles de fournir des produits naturels plutôt que des produits cultivés.

Malgré l'intérêt sérieux que peut offrir la culture marine dans cette région *salée*, nous ne comptons guère sur son

développement pour les motifs que nous venons d'indiquer ;

Ils se résument :

1° En l'absence de surfaces propres à toute exploitation
en dehors du domaine public.

2° Dans la difficulté pour l'Etat d'aliéner ou de concéder
les rares localités convenables.

3° Dans les frais considérables que nécessiterait l'installation en viviers des surfaces qui seraient concédées.

Entrer dans de plus longs détails au sujet de la partie de
notre littoral comprise dans la zone *Est*, nous entraînerait
dans des longueurs inutiles ; nous avons hâte de pénétrer
dans une région mieux appropriée aux applications de l'a-
quiculture.

VIII.

En posant plus haut nos deux divisions distinctes nous
aurions pu placer le point de séparation des deux zones à
l'entrée du port de Bouc, située, il est vrai, à peu de dis-
tance des embouchures du Rhône, parce que là commence
réellement la région des espèces saumâtres, là est le point
de départ des étangs, des véritables cours d'eau.

La saturation des eaux du port de Bouc est déjà bien inférieure à celle des eaux de la mer, de 2° en moyenne.

Le voisinage de l'embouchure du Rhône, d'une part, et,
de l'autre, la sortie dans ce port du canal d'Arles à Bouc,
sont les principales causes de cet affaiblissement du degré
de saturation.

La communication du Port-de-Bouc avec l'étang de Berre
a aussi sa part dans cet effet d'adoucissement dont les conséquences sont éminemment favorables à la culture de nos
principales espèces comestibles *saumâtres*.

En examinant la situation topographique de Bouc, en

voyant tous les canaux qui divisent, à sa sortie, l'eau de
l'étang, artères de circulation de la mer à l'étang et de
l'étang à la mer, on comprend bientôt tout ce qu'il y a à
faire sur ce seul point.

Si nous suivons le canal creusé dans le canal de Caronte,
jusqu'à Martigues, nous découvrons d'un des points de
cette ville aquatique le vaste étang de Berre, véritable
petite mer intérieure si admirablement située.

On est tout d'abord surpris de l'oubli dans lequel on a
laissé, jusqu'à ce jour, cette magnifique rade de 15,000
hectares de superficie, partout navigable, pour les vais-
seaux du plus fort tonnage, et dont la passe n'a pas moins
de six kilomètres de longueur; c'est dire qu'elle est
inaccessible, et que, nulle part, on ne rencontrerait une
situation naturelle aussi favorable à la création d'un port
de refuge inattaquable, à l'installation d'un arsenal maritime plus sûr qu'aucun de ceux qui existent.

Souvent, on a parlé avec enthousiasme de cet étang, on
y a entrevu la réalisation de tous les avantages que promet
sa position topographique ; mais des rêves à la réalité, il
y a souvent des lieues et des siècles. L'étang de Berre en
serait, à défaut d'autres, une nouvelle preuve.

On pourrait exposer aussi l'utile parti que l'on tirerait
des bords de cet étang, partout accessible à la grande navi-
gation, pour les besoins de l'industrie ; mais telle n'est
point la question qui nous occupe.

L'étang de Berre, au point de vue piscicole, ne se prête
pas à la culture autant qu'on serait tenté de le croire au
premier abord.

La mise en exploitation des procédés piscicoles y serait
difficile parce que sa surface entière fait partie du domaine
public.

Il faut considérer surtout cet étang comme un vaste
réservoir de *produits naturels* ; la quantité de poissons

qu'en retirent annuellement les pêcheurs de Martigues et
des environs, est considérable, et c'est pour cette raison
que la culture marine aurait des changes de succès si elle
pouvait s'emparer des espaces susceptibles d'y recevoir ses
applications.

Plusieurs espèces de poisson sont instinctivement sollicitées, à certaines époques déterminées de l'année, à
quitter la mer pour s'engager dans les courants adoucis,
provenant des rivières ou des étangs ; c'est ainsi qu'ils
sont conduits vers l'intérieur des étangs où ils trouvent
soit des animaux, soit des végétaux dont ils font leur
pâture.

Leur séjour, dans ces étangs, n'est que temporaire ; ils
ont hâte d'en sortir à l'époque du frai et aussi dès que la
température commence à s'abaisser ; les courants d'eau,
plus chaude aux heures du reflux, les guident vers la mer.

Ces pérégrinations s'effectuent d'une manière invariable
chaque année, et elles ont lieu à des époques que l'observation a assez nettement déterminées.

La rentrée a lieu surtout durant les trois mois d'avril,
mai et juin.

On remarque, après cette époque, que la circulation
s'établit principalement dans le sens de la sortie.

Ce va et vient continuel des eaux, cette circulation per-
manente de poissons allant et venant, entrant à l'état
d'alevin, sortant à l'état adulte avec ou sans œufs, la
facilité de diriger presque ces mouvements de circulation,
de surveiller à chaque instant la nature *des passages*, de
noter les influences respectives des époques, de la température, de la saturation ; l'avantage qu'offrent pour la
nutrition ces *marées* continuelles et presque régulières,
les myriades de petits poissons et crustacés microscopiques
qui peuplent tous les points de ce vaste vivier naturel, et,
enfin, l'heureuse disposition des canaux de Caronte placés

dans le sens du courant, voilà ce qui fait de cette localité un lieu *unique*, *sans égal* sur nos côtes pour les études et les applications piscicoles.

L'étang de Berre, vu la difficulté que rencontrerait 'Etat à aliéner une trop grande partie de ses bords est surtout utile à l'aquiculture par *sa présence* plutôt que par l'emploi direct que l'on pourrait faire de ses fonds.

Les surfaces propres à la culture sont d'ailleurs rares dans cet étang destiné à devenir une source de plus en plus féconde de produits naturels.

Nous considérerons comme de première utilité, toute tentative de l'Etat ayant pour but l'empoissonnement plus abondant de l'étang de Berre ; résultat qui sera atteint par le creusement à 6 mètres de profondeur du canal de communication avec la mer. Ce travail, en cours d'exécution, sera probablement terminé dans deux années environ.

Les pêcheurs y trouveront alors de plus grands profits , et l'alimentation publique aura fait une nouvelle conquête.

Quant à transformer l'étang de Berre, ainsi qu'on l'a dit, en un vaste vivier aquicole, c'est une pensée qui ne supporte pas un examen approfondi.

A la première des difficultés que nous venons de mentionner, celle de la domanialité de ses surfaces, il y aurait à en ajouter d'autres : il faudrait s'établir en plein étang sur deux points généralement exposés aux coups de vent , si violent dans ces parages; des endiguements en pierre ne seraient jamais autorisés ; mais, le seraient-ils, qu'il y aurait à vaincre, dans bien des points, des difficultés financières équivalentes à de vraies prohibitions.

L'étang de Berre restera, au point de vue de l'alimentation , ce qu'il est aujourd'hui , une mer intérieure riche en produits marins; il continuera à être la ressource des 1,000 à 1,200 pêcheurs qui y exercent leur industrie , le moyen d'existence d'une population de 5,000 âmes environ qui se répartit sur les dix lieues de son littoral.

A l'Etat, le soin d'y réglementer la pêche de manière à la rendre moins meurtrière et plus productive ; à lui aussi la mission de faciliter l'empoissonnement par une observation exacte du moment de l'entrée et par l'approfondissement du canal ; il n'est pas douteux que, lorsque sa profondeur sera augmentée du double, le courant vers la mer, bien plus rapide, exercera une action de *tirée* plus énergique et plus étendue, et entraînera vers l'étang une plus grande quantité de poissons.

Les produits naturels ainsi sollicités à se concentrer dans l'étang, seront plus considérables, et les bénéfices de la pêche s'accroîtront dans le même rapport.

Ici trouve sa place une objection faite en notre présence.

On a exprimé la crainte que certains poissons carnivores de grande taille, que des *ravageurs* tels que les thons, les dauphins, marsouins, etc., ne s'engageassent dans l'étang grâce à une plus grande profondeur du canal de communication, et n'y devinssent une cause de rapide destruction des poissons.

Un thon aurait été pêché dans une partie du canal. Ce fait ne nous surprend nullement, un de ces animaux peut bien, en effet, s'être égaré à la poursuite d'un flot de sardines ou autres petits poissons ; mais, ce qui nous surprendrait fort, ce serait d'apprendre qu'un thon a vécu plusieurs mois dans l'étang de Berre. Une pareille chose ne peut exister ; la nature a imposé à chaque espèce le milieu qui lui convient : les eaux vives, saturées à 4 degrés, sont le domaine du thon : il ne pourrait exister dans des eaux saumâtres, sur des hauts fonds ; la crainte dont nous venons de parler n'est donc pas fondée, puisque les eaux, par leur nature même, créent une barrière (à l'entrée de l'étang) infranchissable aux espèces que nous venons d'indiquer.

Mais, revenons à l'utilité aquicole de l'étang de Berre. Déjà, nous avons cité les avantages qu'offrent à la pisciculture les canaux de communication entre cet étang et la mer.

L'ensemble des surfaces qui, dans ces conditions, pourraient être affectées à des exploitations aquicoles, serait d'environ 200 hectares, comprises entre le port de Bouc et l'étang de Caronte.

Dans l'un de ces canaux, celui de Lamolle, appartenant à M. J.-B. Vidal, sont en voie d'essai diverses cultures marines sur lesquelles nous reviendrons plus tard.

Cette superficie de 100 hectares, bien que peu importante, est néanmoins susceptible de fournir des produits très-abondants, et par suite de la richesse de ses eaux, essentiellement nutritives, et des conditions de profondeur et d'abri qu'elles réalisent.

Un autre avantage bien sérieux à faire valoir, c'est le droit de pêche qui appartient aux propriétaires de ces surfaces.

La pêche s'y exerce dans des *Bordigues* où l'on prend les poissons vivants. On peut ainsi se les procurer en abondance pour les transporter dans des bassins de stabulation, ainsi que le fait actuellement M. Vidal.

Ce dernier avantage est inappréciable, et c'est un de ceux qu'on ne pourrait rencontrer que dans fort peu de localités.

Outre les surfaces de Bouc, il en est encore d'autres, soit à Martigues même, soit sur les bords de l'étang de Berre où, sans sortir du domaine privé, on peut utiliser les richesses de ce grand étang : ce sont l'étang de Marignane et l'étang de l'Olivier.

Une remarque utile à faire, en ce moment, c'est l'affaiblissement progressif du degré de saturation des eaux , à mesure qu'on s'éloigne de plus en plus de la mer vers l'extrémité opposée de l'étang. De ce fait il résulte que, tandis que le dégré moyen à Bouc est de 2 degrés et 2 degrés 1/2 , il n'est plus que de 1 degré à 1 degré 1/2 à Berre et aussi dans l'étang de Marignane.

Cet étang, par ce fait, est moins convenable à certaines cultures ; la moule, par exemple, tout en s'y développant comme à Bouc, s'y trouverait bien inférieure . en qualité , à celles cultivées dans un milieu plus salé.

La culture du poisson s'y ferait avec plus de succès mais à la condition , vu la faible profondeur de cet étang , d'y creuser quelques *abîmes* ou puits d'une assez grande profondeur, de 3 à 4 mètres environ.

Le muge , l'anguille et peut-être aussi le loup y prospéreraient ; mais nous serions d'avis d'éviter l'introduction de ce carnivore dans un étang où il serait difficile de l'isoler, et par suite , d'éviter ses ravages.

L'étang de l'Olivier, bien que mis en communication avec l'étang de Berre par un canal direct, est à peu près entièrement doux.

La carpe y vit et s'y reproduit ; l'alevin de muge qui y pénètre par le canal de communication avec l'étang, s'y développe rapidement.

L'anguille y pullule comme partout ; assurément , il y aurait un très beau parti à tirer de l'exploitation aquicole de cet étang en y introduisant des quantités d'alevin de muge et de montée d'anguille plus considérable , et ce avec fort peu de peine et de frais.

Son étendue et sa profondeur sont telles , qu'il pourrait nourrir cent fois plus de poissons que ce qu'il en reçoit par les voies naturelles.

Il est opportun de signaler, à ce propos , l'essai fait, il y a quelques années , par M. Vescières , pour l'introduction et l'acclimation , dans l'étang de l'Olivier , du *saumon*.

L idée devait séduire au premier abord , il semblait bien que la nature avait réuni là les conditions de l'existence du saumon : eau douce pour la reproduction ; eaux salées voisines pour les pérégrinations annuelles et le développement dans un milieu plus nutritif et plus étendu.

L'essai , on ne s'en étonnera pas, n'a pas réussi.

On imitait bien la nature dans une partie de son œuvre, mais en oubliant de tenir compte des conditions clima tériques.

Quelques cas isolés pourraient b en favoriser l'essai ; un , deux , dix saumons pourraient bien avoir, dans les premières années vécu en dépit des causes de mortalité qui ont fait tant de victimes parmi les élèves étudiés.

Le syndic des gens de mer de Saint-Chamas , nous a affirmé que deux saumons , assez forts , avaient été pêchés dans l'étang de Berre. N'importe , nous répéterons au sujet des saumons ce que nous avons dit déjà d'une manière genérale : c'est vouloir trop que chercher à faire mieux que la nature ; quand elle a mis les saumons dans d'autres régions, elle avait ses motifs: il fait trop chaud dans nos contrées méridionales pour l'éducation de cette famille dans les eaux de nos étangs les mieux situés.

Malgré les données assez précises à ce sujet, de la science, un nouveau projet , avorté dès son apparition , a récemment été mis en circulation, en vue de transformer l'étang de l'Ollivier en un parc à saumon.

Ce projet ne nous a pas paru digne de la moindre dis cussion.

M. de Gabriac, ingénieur en chef des ponts-et-chaussées, et propriétaire de cet étang, est trop intelligent pour que nous n'ayons la certitude qu'il marchera dans la voie du progrès, en tirant de ce beau bassin tout le parti piscicole possible.

En nous éloignant de Bouc, dans la direction de l'ouest, nous rencontrons, jusqu'aux embouchures du Rhône, d'interminables plages, des dunes de sable sans fin, donnant accès à l'étang, et, un peu plus dans l'intérieur, en suivant les bords du canal d'Arles, à droite et à gauche, nous rencontrons les étangs du *Haut et du Bas Galéjeon*, surfaces immenses, appartenant à la compagnie des Salins du Midi, où l'on parviendrait à une riche culture de muges et d'anguilles en pratiquant, vu le peu de profondeur de ces étangs, quelques abîmes destinés à abriter le poisson contre les froids de l'hiver.

Nous laissons de côté les étangs de Meyranne et de Landres, dont l'eau est complètement douce et par conséquent impropre aux cultures marines.

Après avoir franchi le Rhône, nous nous trouvons en pleine *Camargue*.

Vaste région aquatique, où existent, à notre avis, d'accord en cela d'ailleurs avec bien d'autres personnes, et M. Coste au premier rang, les éléments d'un appareil hydraulique analogue à celui de Comacchio, sans parler du grand nombre de pêcheries particulières de *basse-cours piscicoles* qui y seraient facilement établies dans le voisinage des fermes, dans les petits étangs, assez nombreux, qui recouvrent la partie inférieure du delta du Rhône.

En comparant le plan si exact qu'a publié M. Coste, de la lagune de Comacchio, avec le delta du Rhône, qui constitue la Camargue, nous découvrons des conditions topographiques à peu près identiques.

La lagune de Comacchio est aussi un delta formé à l'embouchure d'un fleuve par sa bifurcation, ce fleuve est le Pô. L'une des branches est le *Volano*, l'autre le *Reno*, de même que nous avons deux bras du Rhône, désignés l'un sous le nom de *grand Rhône*, et l'autre de *petit Rhône*.

L'étang du Valcarés, dont la cuvette a une superficie d'environ 8,000 hectares, et tous les étangs inférieurs dont la superficie est à peu près égale à celle de Valcarés, constitueraient un immense vivier dont la pêche serait aussi facile à établir que celle de la lagune de Comacchio.

Tout le secret de cette industrie consisterait dans les facilités offertes à la libre introduction dans la lagune des poissons qui remontent le Rhône, et surtout de l'anguille; il suffirait pour cela de pratiquer deux saignées ou canaux de communication entre les deux branches du Rhône et le Valcares.

On obtiendrait ainsi l'empoissonnement de la lagune, comme on le fait sur les bords de l'Adriatique, en utilisant la *montée* qui suit le cours du Pô pour se précipiter de là dans les déviations qui le conduisent à la lagune, lieu de *stabulation* et de pêche.

Dès que la *montée* s'est effectuée, on ferme avec des écluses les diverses issues et on barre les communications de la lagune avec la mer par des bordigues analogues à celles qui existent à Bouc. C'est dans ces engins qu'on pêche le poisson au moment de sa sortie vers la mer.

Par ce moyen, dans ce seul point de l'Adriatique, on est parvenu à assurer une pêche annuelle de un million environ de kilog. de poisson.

Nous n'avons pas à entrer dans l'examen des diverses questions qui concernent le delta de la Camargue, ni à détailler les travaux qu'il y aurait à exécuter pour réaliser un véritable Comacchio ; mais, en deux mots, nous pouvons exprimer ce qu'il y aurait à faire pour imiter la belle industrie pratiquée en Italie.

Deux canaux de communication devraient être ouverts entre le Rhône et le Valcares, l'un aux environs de Beaujeu

sur le grand Rhône; son parcours n'aurait guère plus de
4 kilomètres. L'autre sur le petit Rhône, dans les environs
du château d'Avignon.

Ces deux courants permettraient à la montée de s'engager dans le Valcares, où s'introduiraient aussi bien d'autres poissons. On fermerait ces issues au moment voulu
à l'aide d'écluses, de manière à confiner les anguilles dans
l'intérieur de la lagune, et la pêche s'effectuerait par une
bordigue calée au Grau de Rousti, issue du Valcarés dans
la mer, analogue au canal de Magnavacco, au bord de l'A-
driatique.

M. Marius Maiffredy, propriétaire riverain du Valcarés,
et M. Digouin fils, directeur du château d'Avignon, nous
ont, avec une gracieuseté bien digne de notre reconnaissance et au sein de la plus aimable hospitalité, mis en état
de connaître fort bien tous ces lieux intéressants que nous
avons parcourus en tous sens.

En dehors de cette grande question, sur laquelle nous ne
saurions trop appeler l'attention du gouvernement, il y a
bien à faire encore dans la Camargue.

A l'extrémité sud-est du delta, se trouvent de vastes surfaces où l'on créerait sans peine des pêcheries très produc-
tives, semblables à celles qu'on pourrait établir dans l'étang
de l'Olivier ; de vieux lits du Rhône se prêtent admirablement à des installations de cette nature ; des exploitations
aquicoles y seraient organisées à peu de frais.

N'oublions pas que nous parcourons toujours ici le *domaine privé*, et notons, en passant, que la plupart des propriétaires de ces surfaces, ou des riverains, sont dans les
dispositions les plus favorables à ces tentatives ; nous le tenons d'eux-mêmes, ils n'attendent qu'une impulsion et
des conseils.

Portons nos pas plus avant vers l'ouest ; toujours même

configuration à peu près; des plages au bord de la mer et immédiatement au-dessus des étangs d'eau saumâtre.

A peine avons-nous traversé le *petit Rhône*, nous rencontrons le *vieux Rhône de Saint-Roman* et les divers étangs situés au sud d'Aiguesmortes, et dépendant des salines de Peccais; immenses surfaces appartenant à la compagnie des Salines du Midi.

Ces étangs sont ceux du *Repos*, de la *Ville*, du *Roi*, et l'étant du *Repausset.* Ce dernier est la propriété de M. Dupuy ; les autres sont affermés à M. Duboy, au prix annuel d'environ 12,000 fr.

Au nombre de ses premiers adeptes la pisciculture comptera certainement les deux personnes honorables dont nous venons de citer les noms.

M. Duboy a déjà tenté, dans le **Rhône de Saint-Roman** et dans l'étang du **Repos**, la culture des moules en *bouchots mobiles*, s'inspirant de ce qui se pratique dans la Charente-Inférieure, où il est allé étudier ce genre d'exploitation.

Les spécimens d'essai de cette culture, que nous avons vus et goûtés, nous ont donné lieu d'espérer le succès complet de l'heureuse initiative de M. Duboy.

Il a à redouter un seul contre-temps : au moment des grandes chaleurs, la communication des étangs avec le Grau est à peu près interceptée, et les écoulements d'eau douce sont presque nuls, la saturation des eaux s'élève jusqu'à 7 et 8°, on les a vues à 12°. Or, une élévation de la sorte, un peu trop anormale, pourrait devenir une cause de mortalité pour les moules.

Notre opinion, basée sur l'expérience de certains faits analogues, est qu'un danger provenant de ce fait n'est pas trop à craindre; nous croyons au succès des tentatives de M. Duboy.

Les étangs que nous avons désignés sont très poissonneux, mais *naturellement* , aucune application des méthodes de culture aquicole n'y ayant été faites jusqu'à ce jour.

M. Duboy nous a montré des canaux allant de l'étang de la Ville au Grau, parfaitement disposés pour être transformés en viviers, et dans lesquels il se propose de faire sérieusement de la pisciculture; nous l'avons vivement engagé à donner suite à cette bonne idée.

M. Dupuy a, de son côté, fait un essai de culture des moules dans un ancien chenal du Grau, dont le cours a été rectifié. Ce vivier, d'une vaste étendue, a été, une fois déjà, peuplé de loups par les soins de M. Dupuy, mais ces animaux voraces, abandonnés là sans nourriture, se sont dévorés entre eux.

Il eût fallu leur fournir des aliments, chose assez facile dans ces parages où abondent les crabes, les salicoques et le frétin de poissons peu comestibles, tels que mélets, gobies et autres.

Si M. Dupuy recommence ses essais, ce que nous lui conseillons, il acquerra certainement de beaux revenus de son réservoir.

A l'aide de certains travaux d'amélioration, et surtout en ouvrant une communication entre la mer et le Rhône, de Saint-Roman on transformerait ces vastes surfaces d'eau en superbes bassins aquicoles où la culture du loup, du muge, de l'anguille et des moules deviendrait très productive.

Il faudrait, dans les étangs où manquent les bas-fonds, creuser quelques abîmes comme il en existe dans l'étang de Repausset. La pêche de ces abîmes, vraies remises des poissons en hiver, appartient, dans ce dernier étang, à M. Duboy.

La pêche des poissons, dans ces divers étangs, se pratique principalement à l'aide de bordigues placées dans les canaux, qui établissent la communication avec le Grau du

Roi. La pêche au filet y est aussi employée ; c'est surtout le bregin ou boulier qui sert le plus souvent.

Continuons notre route vers l'ouest.

Une série continue d'étangs s'offre à nous.

D'abord, nous traversons dans toute sa longueur le vaste étang de *Mauguio*, dont une bonne partie, sur 1,800 mètres de longueur environ, appartient au domaine privé ; puis nous franchissons successivement les étangs de *Pérols* — de *Villeneuve* — de *Vic* — de *Frontignan* ou d'*Ingril*. Vastes surfaces d'eau qui s'étendent jusqu'à Cette.

Ces divers étangs communiquent avec la mer par des Graus, dont le principal est celui de *Palavas*.

Leurs eaux sont donc saumâtres et convenables aux diverses espèces que nous avons déjà rencontrées dans les autres étangs.

La pêche y est assez abondante. La portion de l'étang de *Mauguio*, dépendant du domaine privé, est affermée 2000 fr.

La partie nord se subdivise elle-même en deux parties, dont une appartient à la commune de *Lattes* et est affermée 3,500 fr., et l'autre est comprise dans le domaine public.

L'étang de *Villeneuve* appartient en partie au domaine, en partie à la commune de Villeneuve.

L'étang de *Maguelonne*, situé au sud du canal et de l'étang de Villeneuve, appartient à M. Fabréje, qui l'afferme 3,500 francs.

L'anguille abonde dans cet étang où, en 1863, il en a été pêché plus de 500 quintaux.

L'*étang de Vic*, ou de *Palavos*, est aussi une propriété privée ; il est affermé 9,000 francs ; plus riche en poissons que le précédent, et reçoit beaucoup de loups, de dorades et d'anguilles.

L'*étang de Frontignan*, ou d'*Ingril*, est une propriété domaniale. Même genre de pêche et mêmes espèces que dans les précédents.

Ces diverses surfaces d'eau ont des profondeurs qui varient de 1 à 2 mètres, à l'exception de quelques points assez rares où la profondeur s'abaisse jusqu'à 3 mètres.

On juge, par l'importance des sommes d'affermage, de la quantité d'espèces saumâtres qui fréquentent ces étangs; mais nous sommes convaincus qu'une véritable culture transformerait en mines d'or ces localités si propices à ces applications.

Jusqu'à ce jour, on n'a retiré de ces eaux que des *produits naturels*, et nous évaluons à un chiffre considérable les sommes qu'on gagnerait en ajoutant les bénéfices de la culture à ceux de la pêche naturelle. L'un n'excluant pas l'autre.

C'est qu'il est fort peu de localités aussi admirablement situées pour une riche culture aquicole; aussi, espérons-nous que toutes les parties dépendant du domaine privé seront bientôt soumises à des essais de ce genre.

Nous ne craignons pas de nous aventurer trop en leur prédisant le succès le plus certain.

A *Cette* s'arrête le domaine privé; là commence le vaste et magnifique *étang de Thau*, que nous pouvons assimiler à l'étang de Berre, auquel il est inférieur en surface.

Cet étang est aussi un vaste réservoir de produits naturels, propriété exclusive des pêcheurs inscrits qui, en très grand nombre, y exercent leur industrie fort lucrative.

Malgré la salure de ses eaux, plus élevées en saturation que celles de l'étang de Berre, il n'est guère fréquenté, comme ce dernier, que par des espèces saumâtres, de poissons et crustacés, mais il produit abondamment un mollusque très apprécié, *la clovis*, mollusque fort rare dans l'étang de Berre.

Les moules, dans ces parages, ne sont pas en très grand nombre, mais nous pensons qu'on les y élèverait facilement et qu'elles y acquerraient de très bonnes qualités comestibles.

Les bords du Tarn et des Pyrénées-Orientales, que nous côtoyons après avoir traversé l'étang de Thau, ne nous offrent plus que de rares localités convenables, soit à l'industrie de la pêche intérieure, soit à la pisciculture.

L'*étang de Leucate* est le seul qui, vu son importance, mérite d'être cité ; mais , il est bien d'autres surfaces baignées par des eaux saumâtres où l'on pourrait appliquer les procédés de culture marine.

Autant il nous était difficile de découvrir, sur les côtes de la zone est, des lieux propres à la pisciculture, autant il nous est aisé d'en indiquer dans la zone ouest.

Non-seulement les localités convenables n'y manquent pas, mais encore elles y sont dans les meilleures conditions désirables d'exploitation, puisque la plupart sont des propriétés particulières et se trouvent naturellement riches en poissons et crustacés.

La mise en culture de ces surfaces aquatiques se ferait à fort peu de frais, et il n'est pas douteux que le prix de vente du poisson ira s'abaissant sur nos marchés à mesure que l'aquiculture de cette intéressante région s'étendra davantage.

Les propriétaires de ces localités, dont quelques-uns nous ont fait l'honneur de nous recevoir, de nous guider et renseigner, nous ont en même temps témoigné leurs bonnes dispositions en faveur d'essais susceptibles d'améliorer leurs étangs.

Ils n'attendent, ainsi que nous le disions plus haut, que des conseils pratiques à suivre, que des exemples à imiter ; c'est pourquoi n'avons-nous pas hésité, en présence de dispositions sérieuses, à concevoir et à proposer à l'Etat un projet de ferme-modèle d'où rayonneraient les méthodes expérimentées, les exemples de la pratique.

Quelqu'intelligents, en effet, que soient ces propriétaires, quelque dévoués qu'ils soient au progrès, ils ne sont pas tous en position de faire des essais convenables; ils demandent à être initiés, à recevoir communication des résultats de la pratique.

Montrons-leur des résultats sérieux et on n'en verra pas hésiter un seul.

Tous s'engageront résolûment alors dans la voie nouvelle et y consacreront de grands efforts, des capitaux importants.

Mais ces résultats, s'il en existe, où sont-ils? qui en obtiendra de nouveau? qui les communiquera?

Evidemment, à la ferme-modèle et à ses directurs incombera cette mission, puisque leur but sera l'initiative, puisque, par des observations continuelles, par des études de chaque jour, de chaque heure même, seront recueillis tous les faits de nature à éclairer davantage cette question aussi neuve encore qu'elle promet d'être féconde en bienfaits; puisque, par devoir, ils auront à noter, non-seulement les faits observés, mais encore à leur donner la plus grande publicité.

VIII.

Peu de localités, dans les deux régions que nous venons de parcourir, ont été le théâtre d'essais sérieux.

Nous avons parlé du petit parc à crustacés de Saint-Jean : des essais de culture des moules faits près d'Aiguesmortes par MM. Duboy et Dupuy ; des loups affamés enfermés par ce dernier dans un réservoir sans aliments.

Nous avons cité la tentative de peuplement d'huîtres faite par l'Etat tout le long de notre littoral.

Chacun de ces divers essais, heureux ou non, a produit une somme d'enseignement dont nous avons profité, mais les résultats proprement dits sont encore à attendre.

A Port-de-Bouc, des travaux plus suivis ont été entrepris dans le canal de Lamolle et ses environs; encore n'ont-ils été commencés que depuis fort peu de temps, depuis une année et demie environ; leur début a suivi de près la création du *Comité d'aquiculture pratique de Marseille*.

Ces études ont eu pour objet l'éducation des espèces saumâtres, puisque les eaux du Port-de-Bouc ont un degré de saturation bien inférieure, de moitié environ, à celui des eaux de la mer.

Les espèces soumises au régime de la culture et de la stabulation sont : la moule — le loup — le muge — l'anguille, et divers poissons de petite taille, tels que mélets, — gobies, — labres.

Nous citons d'abord ces espèces, dont la culture a entièrement réussi; mais là ne doivent pas s'arrêter les essais.

La culture des moules (mytiliculture) a été tentée, sur une assez large échelle, dans le canal de Lamolle.

400 claies, de 2 mètres de longueur sur 1 mètre de largeur, ont été disposées verticalement, de manière à coulisser dans de forts pieux à rainures.

Ces *claies mobiles*, recouvertes de *naissin*, ou petites moules, y déposées comme semence, sont immergées ou émergées à volonté à l'aide d'un treuil *ad hoc*.

Cette culture en *bouchots* se développe sur une étendue de près d'un kilomètre.

Des essais, moins importants, pratiqués il y a quinze mois environ, sur quelques claies, avaient démontré tout le mérite pratique de ce procédé imité, sauf la *mobilité* des claies (1), de ce qui se passe à la baie de l'Aiguillon.

On peut bien considérer l'essai actuel de mytiliculture comme une véritable exploitation, et, bien que les résul-

---

(1) Cette *mobilité* permet de suppléer à l'absence de la marée qui, dans la baie de l'Aiguillon, couvre et découvre naturellement les bouchots.

tats définitifs ne puissent être connus qu'après la deuxième
période, celle de la vente, on est en droit d'affirmer d'ores
déjà, vu la faible importance des charges et le prix bien
connu de la moule sur nos marchés, en réduisant toutefois ce prix que la part des bénéfices sera convenable et
digne d'être prise en très sérieuse considération.

En attendant, l'expérience de cette culture fait chaque
jour de nouveaux progrès ; son perfectionnement pratique
s'accroît, s'organise de mieux en mieux.

La reproduction des moules est abondante, et tout nous
porte à espérer que ce procédé sera bientôt appliqué sur
les points de notre côte susceptibles de le recevoir.

L'importation de la mytiliculture à Port-de-Bouc sera
vraiment une bien utile chose, vu la pauvreté de notre littoral méditerranéen, en coquillages comestibles ; elle peut,
là, recevoir un immense développement, tant y sont vastes les espaces convenables ; mais, en outre, elle rayonnera
de cette contrée sur toutes celles de notre zone saumâtre
où il sera aisé de l'organiser dans des conditions d'abri, de
profondeur et de saturations d'eau requises par cette culture.

Nous avons déjà cité MM. Duboy et Dupuy comme s'occupant d'essais de ce genre, ce sont deux faits à l'appui de
nos prévisions.

Une tentative de mytiliculture a été faite aussi dans l'é-
tang de Berre. Le système y employé diffère essentiellement de celui qui est appliqué à Port-de-Bouc.

Les bouchots construits par M. Lamiral, auteur de cette
tentative, ne sont pas susceptibles d'être exposés à l'air ;
leur *mobilité* n'a d'autre but que de faciliter la cueillette
ou récolte des moules.

Quoi qu'il en soit, cet essai, également intéressant, est
encore, dans la voie de la pratique, un fait qu'il est important de signaler.

Nous ne connaissons aucune autre localité où aient été, ou soient faits, des essais sur l'élève des coquillages.

Passons aux poissons :

A ce propos il est moins encore de tentatives à citer, et tout ce que nous savons est relatif aux seuls travaux en cours dans le canal de Lamolle.

Des viviers d'études ont été construits, d'après nos dessins, et disposés le long dudit canal, avec lequel ils communiquent par des vannes grillées, tout en restant isolés du courant direct.

Ces viviers contiennent actuellement des loups, — des muges et des anguilles, lesquels y ont été introduits dans le courant du mois d'octobre 1864. Il y a donc une année environ que ces animaux y sont en pleine stabulation.

Il résulte de cette date qu'ils ont eu à subir, dans cet état, les froids si rigoureux de l'hiver dernier et les chaleurs les plus intenses de l'été qui finit à peine.

Non-seulement ils n'ont pas paru se ressentir des conditions de température les plus défavorables, mais encore ils ont acquis un rapide accroissement ; les jeunes surtout ont plus que doublé de volume à l'heure qu'il est.

Il est vrai que des aliments analogues à ceux dont ils se repaissent à l'état naturel n'ont cessé de leur être distribués régulièrement. Ils se sont promptement habitués à ce régime de basse-cour, et maintenant, à l'heure du repas, on voit tous les loups se porter sur le point où leur est donnée habituellement la nourriture et se précipiter sur les proies à mesure qu'elles leur sont jetées.

Ces aliments consistent :

Pour les loups : en crabes vivants, en mélets, chevrettes, gobies, canadelles, toutes proies vivantes aussi, et qu'il est facile de se procurer à Bouc.

Pour les muges : en herbe marine, celle qui croît natu-

rellement dans les viviers, en petits poissons morts, mélets
et autres, en moules écrasées.

Pour les anguilles : toutes proies animales mortes, en
mélets vivants, en crabes écrasés, en vers de terre (1), en
limaces, quand on peut se les procurer aisément.

Cette nourriture, bien que distribuée régulièrement,
quand les circonstances le permettent, fait quelquefois défaut.

Il n'y a pas lieu de s'en inquiéter, et l'on peut attendre,
sans crainte, le moment où on sera en mesure de recom-
mencer la distribution.

Les viviers ont passé des périodes de plus d'un mois
sans recevoir d'autres aliments que quelques moules écrasées, souvent même *rien*, et cela sans qu'on ait remarqué
la moindre souffrance apparente chez les sujets étudiés.

Le développement, il est vrai, doit s'en ressentir, mais
c'est un bien léger inconvénient.

Nous ne pouvons ici que citer des faits d'ensemble, évitant tout ce qui nous entraînerait dans des détails ; quelqu'intéressants qu'ils soient, ils ne peuvent figurer dans
cet exposé général.

Ainsi, nous laisserons de côté tous les succès obtenus en
même temps sur l'élève des animaux propres à nourrir les
autres, tels que mélets — gobies — crabes — chevrettes et
autres ; il suffit ici de constater aussi cette possibilité, démontrée par des expériences sérieuses.

Il résulte de ces diverses études que nous n'hésitons pas
à considérer ces faits comme très concluants.

Nous redoutions, l'influence désastreuse des tempé-
ratures extrêmes, dans les conditions peu favorables
où se trouvent ces viviers, placés, comme nous l'avons
dit, en dehors du courant direct du canal. Leurs eaux

(1) Lombrics.

sont dormantes et par conséquent plus susceptibles de s'échauffer ou de se refroidir, suivant les saisons.

Pour obvier au danger du rayonnement du fond vers l'atmosphère, nous avons, il est vrai, organisé des abris en nattes, flottant sur la surface, et c'est sans doute à leur action que nous devons les succès constatés.

D'après ce que nous venons de dire au sujet des jeûnes, quelquefois prolongés durant plus d'un mois sans amener la moindre mortalité dans les viviers, on comprendra combien les procédés aquicoles offrent de facilités par ce seul fait qu'ils n'imposent pas, comme l'éducation des animaux à sang chaud, de distribution d'aliments chaque jour et à heure fixe.

Un oubli de plusieurs semaines est permis avec les espèces aquatiques, une poule résisterait difficilement à un oubli de plus d'un ou de deux jours.

L'anguille est, de tous les poissons, celui qui résiste le plus longtemps à l'absence de nourriture ; nous en avons conservé une pendant plus de onze mois dans un bocal sans lui rien donner, nous bornant à remplacer de temps en temps le liquide spontanément évaporé; encore n'est-elle morte que parce qu'on l'a laissée s'échapper du bocal trop plein. Nous l'avons retrouvée à terre non loin de là.

Un fait à citer aussi c'est le nombre relativement considérable de poissons que l'on peut emmagasiner dans un espace très restreint, pourvu que le renouvellement de l'eau des viviers s'effectue facilement et sans interruption.

La marche des marées chez nous rend ce renouvellement continuel très aisé; à Bouc, dans les canaux, le courant est comparable à celui d'une rivière, et l'on conçoit de quel avantage cela est pour la salubrité des bassins à élèves.

Un exemple de domestication des loups est fourni par le fait observé dans le grand vivier provisoire de 7,500 mètres carrés où sont exploités les bouchots à moules.

Les jeunes loups parqués dans ce vaste vivier s'attachent à la suite du bateau de service et ne le quittent pas tant qu'il est occupé au travail des claies. On peut, sans les voir s'enfuir, agiter violemment l'eau; ils sont familiarisés avec les mouvements extérieurs et la compagnie, qu'ils recherchent loin de l'éviter comme leurs frères à l'état sauvage.

Il n'est donc pas douteux qu'on arrivera, partout où on le tentera, à domestiquer cette espèce, une des plus farouches à l'état libre, à plus forte raison réussira-t-on sur les autres espèces naturellement moins méfiantes.

Ces divers faits ne sont-ils pas une base sérieuse de nos espérances?

On sait d'ailleurs que, dans l'Océan, le pilote Guillou est parvenu à apprivoiser et à domestiquer des turbots, des congres et autres espèces salées.

Dans les laboratoires de Bouc sont actuellement en voie d'étude des clovis et même des huîtres; des crabes et des chevrettes, — des soles, — surmulets, — dorades et autres dont l'éducation paraît devoir réussir parfaitement bien; nous n'*affirmerons* qu'après un temps suffisant, parce que nous tenons à n'insister que sur les faits certains, comme ceux que nous avons indiqués d'abord. Ils ont assez d'importance pour qu'on puisse, d'ores et déjà, proclamer l'*aquiculture marine* au nombre des vérités pratiques.

Une dernière explication est ici nécessaire :

La pisciculture marine n'est pas pour nous, comme pourraient le croire ou le comprendre bien des personnes, un moyen de reproduire artificiellement du poisson par des *fécondations d'œufs*, ni même par des *reproductions naturelles* en viviers.

Pour quelques rares espèces, les procédés artificiels sont peut-être susceptibles d'applications, mais nous ne les croyons pas nécessaires, vu l'abondance du fretin sur nos côtes et dans nos étangs ; il est aisé de se le procurer en s'en occupant aux époques convenables.

C'est ce fretin, poisson tout naturellement fait, qu'il faut élever.

Pour notre édification scientifique seulement, nous avons essayé des fécondations artificielles ; mais la plupart des espèces saumâtres dont il vient d'être question , les loups , muges entre autres, ont des œufs tellement petits, même après la période d'incubation, que le jeune, au moment de l'éclosion, est à peu près imperceptible. Il résulte de cette exiguité une grande difficulté à maintenir dans des viviers, à eau abondamment renouvelée, ces petits êtres presque invisibles et auxquels la moindre issue de l'eau est aussi une porte de sortie. Sans renouveler l'eau abondamment, nous avons toujours assisté à la mortalité complète des éclosions.

Pour les crustacés chez lesquels les œufs se trouvent naturellement fécondés, le même inconvénient de la petitesse des jeunes se présente. Faute d'un renouvellement suffisant, nous n'avons pu sauver des crabes et chevrettes éclos dans nos bassins à expériences.

Les mollusques seuls nous promettent, et en abondance, de la reproduction naturelle.

D'après ces considérations, il faut annuellement ensemencer les viviers, ainsi qu'on le pratique d'ailleurs à Arcachon. C'est un bon exemple à suivre sur notre littoral.

Durant les mois d'avril, mai et juin, on trouve des troupes innombrables de muges très petits, mais déjà propres à l'éducation, dans les moindres flaques d'eau de nos plages, recevant d'un côté des écoulements d'eau douce, et de l'autre les flots de la mer aux heures des hautes eaux. C'est cette semence qu'il faut recueillir pour l'introduire d'abord dans des viviers à grilles étroites où on la maintient jusqu'à ce qu'elle ait acquis un développement suffisant pour être abandonnée en toute liberté dans les grands viviers, et s'y nourrir naturellement.

La montée annuelle d'anguilles, en février, mars et avril, se charge de nous fournir la semence de cette espèce. On peut, si l'on s'en donne la peine, en recueillir une quantité considérable, que l'on met aussitôt dans des viviers disposés de telle sorte que ces animaux filiformes si subtils, si actifs, ne puissent s'en échapper.

Le loup est moins abondant et moins aisé à trouver à l'état de frétin. On peut cependant s'en procurer assez. Il est urgent de le parquer à part, de l'isoler surtout de toutes les espèces de petite taille, à l'encontre desquelles s'exercerait sa voracité. Mais on peut introduire dans les viviers, où se trouvent les loups, des petits poissons dont sil se nourrissent, tels que mélets et gobies.

Une recommandation importante à faire aux aquiculteurs : ne jamais mettre ensemble, bien que de la même espèce, des poissons tout petits avec des poissons adultes. Les premiers serviraient généralement de proie aux plus forts.

Ces quelques indications pratiques ne figurent ici que comme renseignements, en vue de rendre nos idées plus claires et plus *positives*, car elles seraient par trop incomplètes si elles devaient être considérées comme *instructions pratiques*, travail spécial, qui nécessiterait de bien autres développements.

Notre but, en ce moment, est de faire comprendre dans son ensemble l'idée de l'aquiculture et d'éviter l'illusion qui pourrait naître, à première vue , des espérances promises par l'application aux espèces marines des procédes de fécondation artificielle.

Les œufs de poissons d'eau douce, beaucoup plus gros, en général, permettent bien mieux les opérations artificielles et l'éducation des jeunes, et, d'autre part, le fretin des espèces d'eau douce, l'anguille exceptée, n'est pas aussi abondant que celui des espèces marines : les riverains du Valcarès sont là pour attester que les fermiers ont fait souvent usage de ce fretin pour en engraisser leurs terres, tellement il abondait sur les bords de cet étang, où il se trouve parfois abandonné à sec, aux époques des grandes chaleurs ; l'évaporation est telle alors, que la cuvette du Valcarès se réduit de moitié.

Il n'est pas douteux que des leveurs de naissin, de coquillages et d'élèves de poisson se créeraient, dès que la pratique s'emparerait des procédés de culture, et que les cultivateurs n'auraient pas la peine de rechercher eux-mêmes ces semences, qu'ils n'auraient qu'à acheter, comme on achète de la graine de haricots, de la semence de pommes de terre.

L'Etat lui-même, si soucieux des progrès de la science nouvelle, pourrait, à ce sujet, prendre une initiative analogue à celle qui a présidé à l'établissement d'Huningue, où, par ses soins et à ses frais, sont fécondés artificiellement et adressés aux pétitionnaires, des œufs de diverses espèces de poissons d'eau douce les plus estimés.

Avec autant de raison et plus de succès encore, l'Etat pourrait occuper, à la recherche de l'alevin des poissons de mer éducables, l'équipage d'un de ses avisos à vapeur ; de celui qu'il consacre actuellement aux études et à la surveillance des questions et essais piscicoles.

Cet alevin serait parqué, convenablement nourri et soigné dans les eaux de la ferme modèle d'aquiculture que nous proposons de créer, et distribués aux aquiculteurs du littoral à telles conditions que la pratique indiquerait.

Cette initiative de l'Etat n'excluerait pas celle que prendraient des particuliers qu'il faudrait encourager, au contraire, à entrer dans cette voie, et l'Etat retirerait son intervention le jour où, grâce au bon exemple, à l'impul-

sion par lui donnés, on pourrait se passer de son concours.

Ce projet, facile à réaliser, ne serait non plus d'une exécution onéreuse, et assurément il contribuerait beaucoup
à lancer la science nouvelle, à en généraliser les applications. Qu'on veuille bien y réfléchir !

Hâtons-nous de résumer cet exposé, maintenant complet
dans son ensemble.

IX

Nous avons, relativement au littoral méditerranéen, dit
tout ce qui méritait d'être mentionné en vue de la transformation en véritables cultures, de toutes ses surfaces,
placées dans des conditions convenables.

Pour le moment, nous ne pensons pas qu'il se puisse
rien ajouter de bien important à tous les faits que nous
avons énumérés, aux probabilités et prévisions que nous
avons fait espérer sans hésitation, avec la conviction la
plus intime.

Sans nous arrêter à toutes les flaques d'eau de notre littoral, nous l'avons pourtant suivi pas à pas, et décrit au
moins quant à ses parties les plus dignes d'intérêt, au
point de vue qui nous occupe, et il nous semble, maintenant que ce travail touche à son terme, que nous avons
présenté l'ensemble des faits et des prévisions avec assez
de modération pour n'effrayer personne, pour laisser à
l'esprit le plus positif la liberté de croire que nos pensées
peuvent bien être l'expression de la vérité.

Bien d'autres nous ont précédé dans cette voie d'initiation et d'impulsion, ils l'ont fait aussi avec une chaleur
de conviction bien grande, mais surtout avec plus d'art et
de science que nous.

Quelques-uns ont peut-être exagéré ou au moins, à
défaut de faits, ne citant que des probabilités, ont-ils ainsi

laissé quelques doutes dans les esprits timides peu prompts à accepter n'importe quelles innovations , et moins encore des créations aussi considérables que celle qu'implique la pisciculture marine.

Ce n'est pas que l'enthousiasme nous manque , mais, tous nos efforts ont tendu à le modérer, à le cacher même ; nous avons essayé d'être aussi positif , que s'il s'agissait d'une exploitation de céréales ou de forêts à créer, questions sur lesquelles l'expérience permet de poser des chiffres moyens sérieux.

En piscicultnre, on pourrait bien aussi poser des chiffres; nous nous sommes arrété à cette limite, attendant, avonsnous dit , la deuxième période de nos essais : *celle de la vente des produits cultivés*. On nous saura gré de cette prudence.

Ces chiffres exacts, irréfutables , existent déjà dans les exploitations aquicoles de l'Océan : mais , ces exploitations quelque perfectionnées qu'elles soient , ne peuvent servir de type, parce que bien rares sont parmi elles les applications des procédés dont nous conseillons l'application dans la Méditerranée.

Nous avons, ce qui était plus important, cité des quantités de produits : elles sont actuellement , déjà considérables , et quant aux revenus , il est partout démontré que les moindres bénéfices des exploitations aquicoles l'emportent du double et du triple sur le produit de la même surface agricole de première classe.

Ainsi, à l'île de Ré, d'après les renseignements empruntés à M. le docteur Kemmerer,

L'hectare de surface , produit en moyenne :

Au fabricant de graines d'huitre.... .... 1321 francs.

A l'agriculteur (vignes)................. 615   »

A Arcachon, de plus grandes différences peuvent être signalées.

Dans les prévisions de M. Coste, les 800 hectares de terrains émergents susceptibles d'être mis en culture dans cette baie, créeraient, dès qu'on le voudrait, un revenu de 12 à 15 millions.

Réduisons ces chiffres à 4 millions seulement, il en résulterait encore un revenu de 5,000 francs par hectare. Quelle est la culture agricole qui pourrait produire de pareils bénéfices?

Dans la Méditerrannée, l'heure des chiffres n'a pas sonné; c'est pourquoi nous évitons de préciser les bénéfices probables: nous sommes convaincus qu'ils ne le cèderont pas à ceux de l'Océan.

En nous attachant à ne parler que des espèces pratiquement cultivables, nous avons dù laisser de côté des questions intéressantes au point de vue aquicole, mais d'ailleurs ne concernant nullement l'alimentation publique.

A dessein nous avons négligé de mentionner les essais de culture de certains zoophytes déjà traités, celle des *coraux* et des *éponges*.

Bien que l'on puisse parvenir au succès, de ce côté encore, il y a bien à faire avant d'y arriver.

Il faut à ces êtres des bas-fonds, et toute culture, en général, qui exige des bas fonds, ne nous paraît, pour le moment, que fort peu pratique encore. Vainement on objectera les inventions nouvelles de bateaux sous-marins, de scaphandres et autres engins capables de nous faire communiquer directement avec les grandes profondeurs; les hommes qui veulent bien s'enfoncer dans les abimes sous-marin sont rares encore, et il y a tant à faire plus à portée de nous, qu'il nous paraît au moins prématuré de nous éloigner autant de nos régions d'activité.

Et quelque lucratif que soit le commerce des coraux et des éponges, il est une question qui passe bien avant, c'est celle de l'alimentation. — L'utile d'abord , et puis le luxe! Tel est notre principe invariable.

Pour être absolument général , nous eussions dû citer aussi , au nombre des produits aquicoles, le sel marin et les autres corps minéraux qu'on retire des eaux de la mer, tels que les produits riches des eaux-mères des marais salants, les corps simples extraits des varechs : iode et brôme.

Mais, la question du sel n'est plus à l'étude, elle est résolue et largement appliquée, c'est une production à part. Quand aux autres produits , ils nous éloigneraient encore de notre sujet : l'alimentation.

En résumé , nous avons touché à tous les points utiles de notre question principale.

Après avoir rapidement expliqué les motifs| des retards de l'aquiculture sur les autres branches de l'industrie humaine, nous nous sommes appliqué à prouver, par analogie , la possibilité de la culture et de la domestication des espèces aquatiques.

Aucune raison ne prouvant qu'il en soit de ces espèces autrement que de celles qui peuplent les régions atmosphériques ou baignées dans l'air.

Un rapide examen des faits de culture existant sur les côtes de l'Océan, nous a permis d'invoquer des exemples, et de considérer comme probable, dans la Méditerranée, ce qui réussissait aussi bien dans l'Océan.

Nous avons fait ces rapprochements en évitant toute affirmation prématurée , en ne conseillant des applications chez nous qu'autant qu'elles sont déjà pratiquées ailleurs , en recommandant d'éviter d'abord les tentatives d'acclimatation , et de ne faire subir les essais qu'aux espèces naturelles au lieu mis en exploitation ; considérant la culture de ces espèces dans leur milieu propre comme *une utilité* , et l'acclimatation comme *un luxe.*

Il ne suffisait pas de citer des exemples pris ailleurs, il fallait encore dire où et comment on peut les suivre sur notre littoral; il fallait décrire ce littoral et affecter à chacun de ses points propice à la culture marine, les espèces susceptibles d'y être cultivées; ainsi avons-nous fait.

Deux zones distinctes partagent nos côtes.

L'une, propre seulement aux *espèces salées*, et s'étendant de la frontière italienne aux embouchures du Rhône : l'autre, éminemment propre aux *espèces saumâtres*, partant des mêmes embouchures et comprenant toute la côte jusqu'à Port-Vendres.

Ne négligeant de citer aucun des points importants au point de vue aquicole de l'une et de l'autre zone, nous avons plus spécialement insisté sur quelques-uns :

La rade de Toulon si favorable aux mollusques.

Le Port-de-Bouc si admirablement situé et disposé pour l'aquiculture saumâtre ; il y avait bien lieu de s'étendre un peu sur les avantages offerts à cette situation *unique* par le voisinage et la communication de l'étang de Berre, dont Bouc est le trait-d'union à la mer.

Le delta du Rhône, enfin, où un comacchio serait créé si aisément.

Idée préconisée par le savant M. Coste, et dont nous ne pouvions ne pas nous occuper avec quelques détails spéciaux.

Nous avons indiqué, comment, d'après l'avis de plusieurs riverains du Valcarès, et, selon nous, on arriverait à utiliser le delta du Rhône, comme on le fait du delta du Pô, sur les bords de l'Adriatique.

Tenant à affirmer, par la production de faits et de tentatives en cours, nous avons cité tout ce qui mérite une mention à ce propos sur notre littoral, et plus particulièrement insisté sur les intéressantes observations faites à

Boue sur l'élève de certains poissons , crustacés et mollusques.

Enfin , nous avons exprimé le vœu que l'Etat, voulût bien, par une intervention nouvelle , continuer ses soins à l'aquiculture de la Méditerranée, ajouter aux travaux de peuplement d'huîtres de nos côtes, déjà tentés, de nouvelles marques de sollicitude , en y créant, comme il l'a fait à Arcachon , une ferme modèle d'aquiculture destinée à l'initiation du public et aux observations continues ; souhaité que l'aviso à vapeur, déjà affecté à l'aquiculture, sous les ordres de M. Coste , reçût pour mission spéciale la récolte de l'alevin d'un certain nombre d'espèces comestibles.

Tel est , dans son ensemble , ce travail forcément résumé , malgré son étendue , tant ces questions sont déjà riches en points de vue intéressants.

Puissent nos propres , mais bien modestes efforts , ajouter la moindre somme d'utilité à l'œuvre immense , quoique à son début encore , déjà accomplie !

Puissent nos travaux d'initiation, faire quelques adeptes !

Puissent nos vœux être entendus par l'Etat, nos conseils être suivis par les habitants du littoral !

Puisse, enfin, notre conviction profonde , entraîner !